凸分析讲义

——共轭函数及其相关函数

李庆娜　编著

科学出版社

北京

内 容 简 介

本书重点介绍了回收锥、凸函数的连续性、凸集的分离定理、凸函数的共轭函数及支撑函数、凸集的极及其相关内容. 这一部分是分析约束优化问题理论性质尤其是对偶理论的基础工具. 为了增强可读性, 本书将抽象的概念尝试用简单的例子和直观的图像来表达, 以期读者对本书内容有更形象深刻的理解和把握. 同时, 将知识点与最优化方法部分前沿研究内容进行有机结合, 试图让读者看到这些基础理论和概念在前沿科学研究课题中的有机应用.

本书可作为应用数学、运筹学及相关学科的高年级本科生、硕士生和博士生的教材和参考书.

图书在版编目(CIP)数据

凸分析讲义：共轭函数及其相关函数/李庆娜编著. —北京：科学出版社,
2020.12
ISBN 978-7-03-066877-6

I. ①凸… II. ①李… III. ①凸分析 – 研究生 – 教材 IV. ①O174.13

中国版本图书馆 CIP 数据核字(2020) 第 224926 号

责任编辑: 胡庆家 / 责任校对: 杨 然
责任印制: 吴兆东 / 封面设计: 陈 敬

科 学 出 版 社 出版
北京东黄城根北街 16 号
邮政编码: 100717
http://www.sciencep.com

北京九州迅驰传媒文化有限公司印刷
科学出版社发行　各地新华书店经销
*
2020 年 12 月第 一 版　开本: 720×1000　1/16
2024 年 2 月第二次印刷　印张: 10 1/2
字数: 150 000

定价: 78.00 元
(如有印装质量问题, 我社负责调换)

前　　言

运筹学产生于第二次世界大战期间. 作为运筹学的一个重要而活跃的部分, 最优化理论与方法在近半个世纪以来得到了蓬勃发展. 凸分析作为最优化理论与方法的重要理论基础, 也越来越为人们所重视.

本书主要对凸分析的基本概念和内容进行介绍. 在前期《凸分析讲义》的基础上, 本书重点介绍了回收锥、凸函数的连续性、凸集的分离定理、凸函数的共轭函数及支撑函数、凸集的极及其相关内容. 这一部分是分析约束优化问题理论性质尤其是对偶理论的基础工具. 为了增强可读性, 本书将抽象的概念尝试用简单的例子和直观的图像来表达, 以期读者对本书内容有更形象深刻的理解和把握. 同时, 将知识点与最优化方法部分前沿研究内容进行有机结合, 试图让读者看到这些基础理论和概念在前沿科学研究课题中的有机应用.

在本书的编写过程中, 得到了国内同行专家的支持和鼓励, 在此一并表示衷心的感谢! 感谢作者的优化课题组每一位成员积极参加讨论班, 没有他们的激烈讨论和认真校对, 就没有本书的出版. 感谢国家自然科学基金 (No.11671036) 的经费资助及北京理工大学"十三五"研究生教材规划资助.

本书可作为应用数学、运筹学及相关学科的高年级本科生、研究生和博士生的教材和参考书. 因作者水平所限, 本书难免有不足之处. 恳请读者不吝赐教. 来信请发至: qnl@bit.edu.cn.

李庆娜

2020 年 8 月

目　　录

第 1 章　回收锥和无界性

1.1　回　收　锥

$\mathrm{I\!R}^n$ 中的有界闭集比无界闭集容易处理, 然而, 当无界闭集是凸集的时候就会变简单. 很多集合, 例如上图, 都是无界的. 直观上, 无界闭凸集在 "无穷处" 有着比较简单的行为. 假设 C 是无界闭凸集, $x \in C$, 则 C 必包含从 x 出发的某条半直线, 否则将与无界性矛盾. 这些半直线的方向不取决于 x: C 中以另一个点 y 为起点的半直线显然是以 x 为起点的半直线的平移. 如图 1.1 所示.

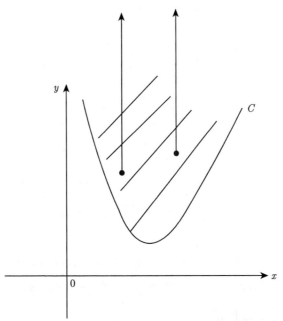

图 1.1　无界集合必包含某条半直线示意图

下面我们要把这些直观的概念以数学的方式定义, 并把它们应用于凸函数. 先来定义方向. $\mathrm{I\!R}$ 中每条闭的半直线都有一个方向, 两条闭

的半直线的方向相同当且仅当它们可以互相平移. 在这种等价关系, 即
"半直线 L_1 是半直线 L_2 的平移" 中, 我们定义: $\mathbb{R}^n$ 的一个方向是所有
平行的闭半直线的集合族类. 根据定义, 半直线族 $\{x + \lambda y \mid \lambda \geqslant 0\}$ 在
$y \neq 0$ 的方向是半直线的所有平移的集合, 且该集合并不取决于 x. $\mathbb{R}^n$
中的两个向量有相同的方向当且仅当它们是彼此的正数倍. 0 向量没有
方向.

　　基于 $\mathbb{R}^n$ 中的点与 $\mathbb{R}^{n+1}$ 中超平面的点 $M = \{(1, x) \mid x \in \mathbb{R}^n\}$ 的
对应关系, 点 $x \in \mathbb{R}^n$ 可以由射线 $\{\lambda(1, x) \mid \lambda \geqslant 0\}$ 表示. $\mathbb{R}^n$ 的方向
可以表示成射线 $\{\lambda(0, y) \mid \lambda \geqslant 0, y \neq 0\}$, 它在与 M 平行, 且通过 $\mathbb{R}^{n+1}$ 中
原点的超平面中. 这也就意味着 $\mathbb{R}^n$ 的方向可以认为是在无穷处 $\mathbb{R}^n$
的点.

　　$\mathbb{R}^{n+1}$ 中与 M 相交的两条射线的凸包的形式对应于它们代表的 $\mathbb{R}^n$
中的点之间的线段. 如图 1.2 所示.

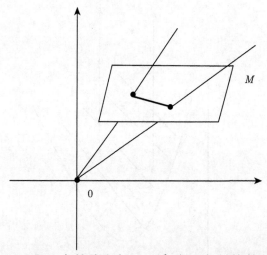

图 1.2　$\mathbb{R}^n$ 中的线段与 $\mathbb{R}^{n+1}$ 中两条射线的关系

　　如果其中一条射线代表无穷处的一个点, 那么就不是一条线段, 而
是一条固定端点与方向的半直线.

　　定义 1.1　令 C 是 $\mathbb{R}^n$ 中的非空凸集, 如果 C 包含了所有方向为
y 的半直线, 且这些半直线以 C 中的点为起点, 则称 C 在方向 y 中是
退化的. 换句话说, C 在方向 y $(y \neq 0)$ 上是退化的, 当且仅当对于每个

$\lambda \geqslant 0, x \in C$, 有 $x + \lambda y \in C$. 所有满足后一条件的向量 $y \in \mathbb{R}^n$, 包含 $y = 0$ 的集合称为 C 的回收锥. 为了简便, C 的回收锥记为 0^+C.

定理 1.1 令 C 是非空凸集, 则 0^+C 是包含原点的凸锥, 即

$$0^+C = \{y \mid C + y \subset C\}.$$

证明 先证 $0^+C \Rightarrow C + y \subset C$. 对任意的 $y \in 0^+C$, 由回收方向定义可知, 对任意的 $x \in C, \lambda = 1$, 有 $x + y \in C$, 即 $C + y \subset C$.

再证 $C + y \subset C \Rightarrow 0^+C$. 因为 $C + y \subset C$, 则

$$C + 2y = (C + y) + y \subset C + y \subset C.$$

所以 $x + my \in C$, m 为正整数, $x \in C$. 由 C 的凸性得, 对任意的 $0 \leqslant \lambda \leqslant 1$, 有

$$(1 - \lambda)(x + my) + \lambda(x + ny) \in C, \quad m, n \text{为正整数},$$

即 $x + ((1 - \lambda)m + \lambda n)y \in C$. 因为 $0 \leqslant \lambda \leqslant 1$, 所以 $(1 - \lambda)m + \lambda n \geqslant 0$. 令

$$\mu = (1 - \lambda)m + \lambda n,$$

则有 $x + \mu y \in C$, 所以 $y \in 0^+C$.

下证 0^+C 是锥. 当 $y \in 0^+C$ 时, 对任意的 $x \in C, \lambda \geqslant 0$, 有 $x + \lambda y \in C$. 对任意的 $\mu \geqslant 0$, 有 $\lambda\mu \geqslant 0$, 所以

$$x + (\lambda\mu)y = x + \lambda(\mu y) \in C.$$

所以 $\mu y \in 0^+C$, 即 0^+C 是锥.

最后证明 0^+C 是凸的. 对任意的 $y_1 \in 0^+C, y_2 \in 0^+C$, 有

$$C + y_1 \subset C, \quad C + y_2 \subset C.$$

对 $0 \leqslant \lambda \leqslant 1$, 有

$$(1 - \lambda)y_1 + \lambda y_2 + C = (1 - \lambda)(y_1 + C) + \lambda(y_2 + C)$$
$$\subset (1 - \lambda)C + \lambda C$$
$$= C,$$

所以

$$(1 - \lambda)y_1 + \lambda y_2 \in 0^+C,$$

故 0^+C 是凸的.   □

例子 1.1 $\mathbb{R}^2$ 中凸集的回收锥的例子. 记

$$C_1 = \left\{ (\xi_1, \xi_2) \mid \xi_1 > 0, \ \xi_2 \geqslant \frac{1}{\xi_1} \right\},$$

$$C_2 = \{ (\xi_1, \xi_2) \mid \xi_2 \geqslant \xi_1^2 \},$$

$$C_3 = \{ (\xi_1, \xi_2) \mid \xi_1^2 + \xi_2^2 \leqslant 1 \},$$

$$C_4 = \{ (\xi_1, \xi_2) \mid \xi_1 > 0, \ \xi_2 > 0 \} \cup \{ (0,0) \},$$

$$C_5 = \{ (\xi_1, \xi_2) \mid \xi_1 > 0, \ \xi_2 > 0 \}.$$

则有

$$0^+C_1 = \{ (\xi_1, \xi_2) \mid \xi_1 \geqslant 0, \ \xi_2 \geqslant 0 \},$$

$$0^+C_2 = \{ (\xi_1, \xi_2) \mid \xi_1 = 0, \ \xi_2 \geqslant 0 \},$$

$$0^+C_3 = \{ (\xi_1, \xi_2) \mid \xi_1 = 0 = \xi_2 \} = \{ (0,0) \},$$

$$0^+C_4 = \{ (\xi_1, \xi_2) \mid \xi_1 > 0, \ \xi_2 > 0 \} \cup \{ (0,0) \} = C_4,$$

$$0^+C_5 = \{ (\xi_1, \xi_2) \mid \xi_1 > 0, \ \xi_2 > 0 \} \cup \{ (0,0) \}.$$

上述例子见图 1.3—图 1.7.

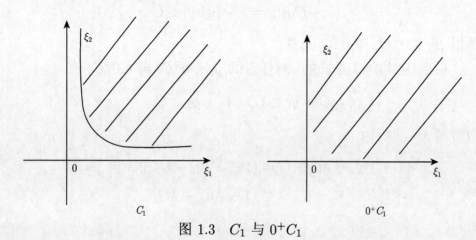

图 1.3 C_1 与 0^+C_1

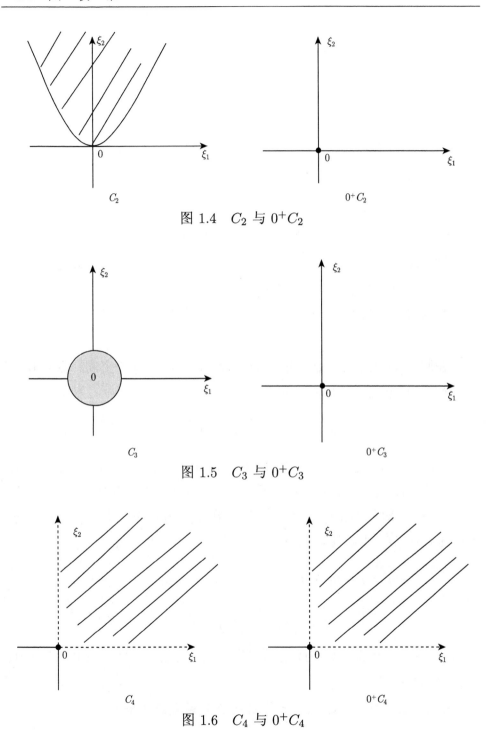

图 1.4 C_2 与 $0^+ C_2$

图 1.5 C_3 与 $0^+ C_3$

图 1.6 C_4 与 $0^+ C_4$

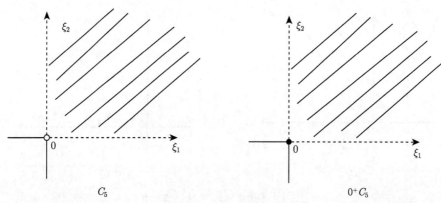

图 1.7 C_5 与 0^+C_5

注 1.1   当 $C \supset A$ 时, $0^+C \supset 0^+A$ 不一定成立. 上述例子中, $C_4 \supsetneqq C_5$, 但是 $0^+C_4 \supsetneqq 0^+C_5$ 不成立.

性质 1.1   显然, 一个非空仿射集 M 的回收锥是平行于 M 的子空间.

证明   注意到 M 是仿射集且非空, 则 0^+M 是子空间. 要证 0^+M 是平行于 M 的子空间, 即要证

$$0^+M = M - M.$$

" $\Rightarrow$ "   对任意的 $y \in 0^+M$, 由回收方向的定义, 对任意的 $x \in M$, 有 $x+y \in M$. 而 $y = (x+y) - x$, 所以 $y \in M - M$, 从而有 $0^+M \subset M - M$.

" $\Leftarrow$ "   对任意的 $y \in M - M$, 存在 $y_1, y_2 \in M$, 使得 $y = y_1 - y_2$. 下证 $y \in 0^+M$. 即对任意的 $z \in M$, 有 $z + y \in M$. 注意到

$$z + y = z + y_1 + y_2$$

$$= \left(1 + \frac{1}{3}\right)\left(\frac{1}{4}y_2 + \frac{3}{4}y_1\right) - \frac{1}{3}(-3z + (1+3)y_2).$$

因为 $y_1, y_2, z \in M$, M 为仿射集, 所以 $z + y \in M$, 即 $y \in 0^+M$. 因此 $0^+M = M - M$.   □

例子 1.2   若 C 是 $\mathbb{R}^n$ 上的弱线性不等式组的解集,

$$C = \{x \mid \langle x, b_i \rangle \geqslant \beta_i, \, \forall \, i \in I\} \neq \varnothing,$$

则 C 的回收锥是对应的齐次不等式组的解集, 容易验证

$$0^+C = \{x \mid \langle x, b_i \rangle \geqslant 0, \ \forall \, i \in I\}.$$

证明   因为 C 是仿射集且 C 非空, 所以 0^+C 是平行于 C 的子空间, 即

$$0^+C = \{u \mid \langle u, b_i \rangle \geqslant 0, \ \forall \, i \in I\}. \qquad \square$$

1.2   由凸集生成的凸锥的闭包

当 $\mathbb{R}^n$ 中的点以 $\mathbb{R}^{n+1}$ 中的射线的方式表示时, 一个非空凸集 C 表示成代表这些点的射线的并, 它是如下凸锥:

$$K = \{(\lambda, x) \mid \lambda \geqslant 0, x \in \lambda C\},$$

其中, 除了原点, 其他点完全落在开半空间

$$H_+ := \{(\lambda, x) \mid \lambda > 0\}$$

中. 现考虑 K 可被扩大成一个凸锥 $K \cup K_0$, 其中, K_0 是落在超平面

$$H := \{(0, x) \mid x \in \mathbb{R}^n\}$$

的锥. 因为 K 是凸锥, 则 $K \cup K_0$ 是凸锥的充分必要条件是 K_0 是凸的, 且 $(K + K_0) \subset (K \cup K_0)$ (可由 [6, 定理 2.6] 得).

证明   我们只需要证明

$K \cup K_0$ 对加法和正数乘封闭

$$\Leftrightarrow K_0 \text{是凸的}, \text{且} (K + K_0) \subset (K \cup K_0).$$

" $\Rightarrow$ "   首先, 证明 K_0 是凸的. 因为 K_0 是锥, 所以 K_0 对正数乘封闭. 下面仅需证明 K_0 对加法封闭. 即对任意的 $x, y \in K_0$, 有 $x + y \in K_0$. 注意到 K_0 为包含于超平面 $H = \{(0, x) \mid x \in \mathbb{R}^n\}$ 的锥, 故 x, y 可以写

为 $x = (0, a)$, $y = (0, b)$, 其中 a, $b \in \mathbb{R}^n$. 因而有 $x + y = (0, a + b)$. 若 $a + b = 0$, 则 $x + y \in K_0$. 若 $a + b \neq 0$, 由

$$x \in K_0 \subset K \cup K_0, \quad y \in K_0 \subset K \cup K_0,$$

及 $K \cup K_0$ 为凸锥, 则 $x + y = (0, a + b) \in K \cup K_0$. 注意到 $K \cap K_0 = \{0\}$, 即 K 与 K_0 仅有公共点 $0 \in \mathbb{R}^{n+1}$. 而 $(0, a + b) \notin K$, 因此 $(0, a + b) \in K_0$. 即 $x + y \in K_0$. 所以 K_0 对加法封闭. 这样 K_0 对加法和正数乘封闭, 因此 K_0 是凸锥.

下面证明 $(K + K_0) \subset (K \cup K_0)$. 对任意的 z 满足

$$z = K + K_0 = \{x + y \mid x \in K, \ y \in K_0\},$$

因为 $K \cup K_0$ 对加法封闭, 所以 $z \in K \cup K_0$.

" $\Leftarrow$ " 对任意的 x, $y \in K \cup K_0$, 若 x, $y \in K$, 因为 K 是凸锥, 所以 $x + y \in K \subset K \cup K_0$; 若 x, $y \in K_0$, 因为 K_0 是凸锥, 所以 $x + y \in K_0 \subset K \cup K_0$; 若 $x \in K$, $y \in K_0$, 则有

$$x + y \in K + K_0 \subset K \cup K_0.$$

所以 $K \cup K_0$ 对加法封闭. 又因为 K, K_0 是锥, $K \cup K_0$ 对正数乘封闭, 所以 $K \cup K_0$ 是凸锥. $\square$

性质 1.2   对于如上定义的 K 及 K_0, 有 $(K + K_0) \subset (K \cup K_0)$ 当且仅当对于每个 $(0, x) \in K_0$, $(1, x') \in K$, 都有

$$(1, x') + (0, x) \in K.$$

证明   " $\Rightarrow$ " 对任意的 $(0, x) \in K_0$, $(1, x') \in K$, 由 K, K_0 的形式可知

$$(1, x') + (0, x) = (1, x + x') \in K.$$

" $\Leftarrow$ " 对任意的 $\alpha \in K + K_0$, 有 $\alpha = y + z$, 其中 $y \in K$, $z \in K_0$. 则存在 $\lambda > 0$, $\mu > 0$, 使得 $y = \lambda(1, x')$, $z = \mu(0, x)$, 其中 x, $x' \in \mathbb{R}^n$.

因为 $(1, x') + (0, x) \in K$, 所以

$$y + z = \lambda(1, x') + \mu(0, x)$$
$$= (\lambda, \lambda x' + \mu x) \in K \subset K \cup K_0,$$

即

$$K + K_0 \subset K \cup K_0.$$ □

这个性质意味着对任意的 $x' \in C$, 有 $x' + x \in C$. 因此, 由定理 1.1 知 $x \in 0^+C$, 所以 $K_0 = \{(0, x) \mid x \in 0^+C\}$. 这就说明在半空间 $\{(\lambda, x) \mid \lambda \geqslant 0\}$ 中存在唯一的最大的凸锥 K', 使得 K' 与半空间 $\{(\lambda, x) \mid \lambda > 0\}$ 的交是 $K \backslash \{(0, 0)\}$(证明如下). 即

$$K' = \{(\lambda, x) \mid \lambda > 0, \ x \in \lambda C\} \cup \{(0, x) \mid x \in 0^+C\}.$$

根据这个表述, 0^+C 可认为随着 $\lambda \to 0^+$, C 趋于 λC 的集合.

证明 要证 K' 是半空间 $\{(\lambda, x) \mid \lambda \geqslant 0\}$ 中与半空间 $\{(\lambda, x) \mid \lambda > 0\}$ 的交是 $K \backslash \{(0, 0)\}$ 的唯一最大的凸锥. 用反证法. 若存在 K'' 是半空间 $\{(\lambda, x) \mid \lambda \geqslant 0\}$ 中比 K' 大的凸锥, 且与半空间 $\{(\lambda, x) \mid \lambda > 0\}$ 的交是 $K \backslash \{(0, 0)\}$, 则只可能存在 $(0, x)$, $x \notin 0^+C$, 使得 $(0, x) \in K''$, $(0, x) \notin K'$. 但此时 K'' 不是凸锥 (由前面可知, 若 K'' 是凸锥, 则 K'' 具有 $K \cup K_0$ 的形式, 其中 $K_0 = \{(0, x) \mid x \in 0^+C\}$), 与假设矛盾. □

例子 1.3 若 $C = [0, +\infty) \in \mathbb{R}$, 则

$$K' = \{(x, y) \in \mathbb{R}^2 \mid x \geqslant 0, \ y \geqslant 0\} = \mathrm{cl}K.$$

如图 1.8 所示.

例子 1.4 若 $C = [1, +\infty]$, 则

$$K' = \{(x, y) \in \mathbb{R}^2 \mid x \geqslant 0, \ y \leqslant x\},$$
$$K = \{(x, y) \in \mathbb{R}^2 \mid x > 0, \ y \leqslant x\} \cup \{(0, 0)\},$$
$$K_0 = \{(0, y) \in \mathbb{R}^2 \mid y \geqslant 0\}.$$

如图 1.9 所示.

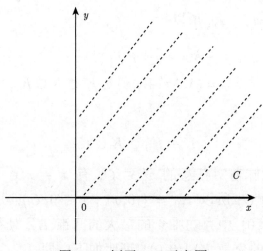

图 1.8　例子 1.3 示意图

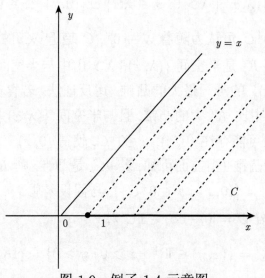

图 1.9　例子 1.4 示意图

定理 1.2　令 C 是 $\mathbb{R}^n$ 中的非空闭凸集, 则

(i) 0^+C 是闭的, 且它包含具有 $\lambda_1 x_1, \lambda_2 x_2, \cdots$ 形式的序列的所有可能极限, 其中, $x_i \in C$, $\lambda_i \downarrow 0$.

(ii) 实际上, 对于 $\mathbb{R}^{n+1}$ 中由 $\{(1, x) \mid x \in C\}$ 生成的凸锥 K, 有

$$\mathrm{cl}K = K \cup \{(0, x) \mid x \in 0^+C\}. \tag{1.1}$$

证明 先证明 (ii). 对于任意的 $\lambda > 0$, 超平面

$$M_\lambda = \{(\lambda, x) \mid x \in C\}$$

肯定与 $\mathrm{ri}K$ 相交 (详见 [6, 推论 6.9]), 因此, 由 [6, 推论 6.5] 的闭包规则, 有

$$M_\lambda \cap \mathrm{cl}K = \mathrm{cl}(M_\lambda \cap K) = M_\lambda \cap K = \{(\lambda, \lambda x) \mid x \in C\}.$$

因此

$$
\begin{aligned}
\mathrm{cl}K \cap \{(\lambda, \lambda x) \mid \lambda > 0\} &= \mathrm{cl}K \bigcap \left(\bigcup_{\lambda > 0} M_\lambda \right) \\
&= \bigcup_{\lambda > 0} (\mathrm{cl}K \cap M_\lambda) \\
&= \{(\lambda, x) \mid x \in C\} \\
&= K \backslash \{(0, 0)\}.
\end{aligned}
$$

换言之, $\mathrm{cl}K$ 与半空间

$$H = \{(\lambda, x) \mid \lambda > 0\}$$

的交为 $K \backslash \{(0,0)\}$. 而 cl K 为闭凸锥, 因此 cl K 是在半空间 $\{(\lambda, x) \mid \lambda \geqslant 0\}$ 中的与 H 相交为 $K \backslash \{(0,0)\}$ 的一个凸锥. 由 K' 的最大性, 有 $K' \supset \mathrm{cl}K$.

另一方面, 因为 $K' \subset H_+ = \{(\lambda, x) \mid \lambda \geqslant 0\}$, 由 [6, 推论 6.6] 知, $\mathrm{ri}K' \subset \mathrm{int}H$,

$$
\begin{aligned}
K &= \{(\lambda, \lambda x) \mid \lambda > 0, \ x \in C\}, \\
K' &= \{(\lambda, x) \mid \lambda > 0, x \in \lambda C\} \cup \{(0, x) \mid x \in 0^+C\} \\
&= K \cup \{(0, x) \mid x \in 0^+C\}.
\end{aligned}
$$

又因为

$$K' = \mathrm{ri}K' \cup (K' \backslash \mathrm{ri}K'),$$

而 $\mathrm{ri}K' \subset \mathrm{int}H$, 故 $\mathrm{ri}K' \not\subseteq \{(0,x) \mid x \in 0^+C\}$. 因此 $\mathrm{ri}K' \subset K$. 所以 $\mathrm{cl}K \subset K' \subset \mathrm{cl}(\mathrm{ri}K') \subset \mathrm{cl}K$. 这就证明了 $\mathrm{cl}K = K'$, 即 (1.1).

下证 (i). 集合 $\{(0,x) \mid x \in 0^+C\}$ 是 $\mathrm{cl}K$ (闭集) 与 $\{(0,x) \mid x \in \mathbb{R}^n\}$ (闭集) 的交集, 所以它是闭的. 对任意的 $x_i \in C$, 有 $(1,x_i) \in K' = \mathrm{cl}K$(闭凸锥). 因此, 对于 $\lambda_i \geq 0$, 有 $\lambda_i(1,x_i) \in \mathrm{cl}K$, 且当 $\lambda_i \downarrow 0$, 序列 $\{\lambda_i(1,x_i)\}$ 的极限属于 $\mathrm{cl}K$. 又因为其极限属于 $\{(0,x) \mid x \in \mathbb{R}^n\}$, 所以其极限属于 $\mathrm{cl}K$ 与 $\{(0,x) \mid x \in \mathbb{R}^n\}$ 的交集, 即

$$\{(0,x) \mid x \in 0^+C\}.$$

对任意的

$$(0,x') \in \mathrm{cl}K \cap \{(0,x) \mid x \in \mathbb{R}^n\} = \{(0,x) \mid x \in 0^+C\},$$

有

$$(0,x') \in \mathrm{cl}K = K.$$

(因为 C 是闭集, 所以 K 是闭集) 故存在 $\{\lambda_i(1,x_i)\}$, $\lambda_i \downarrow 0$, $x_i \in C$, 使得

$$\{\lambda_i(1,x_i)\} \to (0,x').$$

综上, 集合

$$\{(0,x) \mid x \in 0^+C\} = \mathrm{cl}K \cap \{(0,x) \mid x \in \mathbb{R}^n\}$$

由形如 $\lambda_1(1,x_1)$, $\lambda_2(1,x_2),\cdots$ 形式的序列的极限组成, 其中 $x_i \in C$, $\lambda_i \downarrow 0$. □

事实上, 由集合 C_4 可知, 当 C 不是闭集时, 0^+C 也不是闭的. 假设 C 是闭凸集, z 是一个点, 使得存在 $x \in C$, x 与 z 间的线段的相对内部是 C 的子集, 则 $z \in C$. 这个性质对任意的 $x \in C$ 都成立.

定理 1.3 记 C 是非空闭凸集, 令 $y \neq 0$, 如果存在 x, 使得半直线

$$\{x + \lambda y \mid \lambda \geq 0\} \subset C.$$

则对于每个 $x \in C$, 都可使

$$\{x + \lambda y \mid \lambda \geqslant 0\} \subset C$$

成立, 即 $y \in 0^+C$. 进一步, 若对任意的 $x \in \mathrm{ri}C$, 则

$$\{x + \lambda y \mid \lambda \geqslant 0\} \subset \mathrm{ri}C,$$

即 $y \in 0^+(\mathrm{ri}C)$.

证明　给定 x, 设 $\{x + \lambda y \mid \lambda \geqslant 0\} \subset C$, 则 y 是序列 $\lambda_1 x_1$, $\lambda_2 x_2$, $\cdots$ 的极限, 其中 $\lambda_k = 1/k$, 且 $x_k = x + ky \in C$. 因此, 由定理 1.2 得 $y \in 0^+C$. 由 [6, 定理 6.1] 可知, C 中任何与 $\mathrm{ri}C$ 相交的线段的相对内部必在 $\mathrm{ri}C$ 中, 所以有 $y \in 0^+(\mathrm{ri}C)$.　　　□

推论 1.1　若 C 为非空闭凸集, 则 $0^+C = 0^+(\mathrm{ri}C)$.

证明　对任意的 $y \in 0^+C$, $x \in \mathrm{ri}C \subset C$, 有

$$\{x + \lambda y \mid \lambda \geqslant 0\} \subset C \subset \mathrm{cl}C.$$

由 [6, 定理 6.1] 知, 对任意的 $\lambda \geqslant 0$, $0 \leqslant t \leqslant 1$, 有

$$(1 - t)x + t(x + \lambda y) = x + t\lambda y \in \mathrm{ri}C,$$

所以 $y \in 0^+(\mathrm{ri}C)$. 反之, 对任意的 $y \in 0^+(\mathrm{ri}C)$, 有对任意的 $x \in \mathrm{ri}C \subset C$, $x + \lambda y \in \mathrm{ri}C \subset C$, $\lambda \geqslant 0$. 即存在 x, 使得半直线 $\{x + \lambda y \mid \lambda \geqslant 0\} \subset C$. 因为 C 是非空闭凸集, 所以对任意的 $x \in C$, $x + \lambda y \in C$, $\lambda \geqslant 0$ (由定理 1.3), 故 $y \in 0^+C$.　　　□

推论 1.2　对于任一非空凸集 C, 有 $0^+(\mathrm{ri}C) = 0^+(\mathrm{cl}C)$. 事实上, 给定 $x \in \mathrm{ri}C$, 对于任意的 $\lambda > 0$, 有 $y \in 0^+(\mathrm{cl}C)$ 当且仅当 $x + \lambda y \in C$.

证明　由推论 1.1, 可得 $0^+(\mathrm{ri}C) = 0^+(\mathrm{cl}C)$. 由回收锥的定义有, 对任意的 $x \in \mathrm{ri}C$, $\lambda > 0$, 有

$$x + \lambda y \in \mathrm{ri}C \subset C \Leftrightarrow y \in 0^+(\mathrm{ri}C).$$

故等价于 $y \in 0^+(\mathrm{cl}C)$.　　　□

推论 1.3　若 C 是包含原点的闭凸集, 则

$$0^+C = \{y \mid \varepsilon^{-1}y \in C, \ \forall \varepsilon > 0\} = \bigcap_{\varepsilon > 0} \varepsilon C.$$

证明　对任意的 $y \in 0^+C$, 对于 $0 \in C$, 有

$$\{0 + \lambda y \mid \lambda \geqslant 0\} = \{\lambda y \mid \lambda \geqslant 0\} \subset C,$$

所以 $\{\lambda y \mid \lambda > 0\} \subset C$. 即对任意的 $\lambda > 0$, $\lambda y \in C$, 有

$$y \in \{y \mid \varepsilon^{-1}y \in C, \ \forall \, \varepsilon > 0\}.$$

因此

$$0^+C \subset \{y \mid \varepsilon^{-1}y \in C, \ \forall \, \varepsilon > 0\}.$$

反过来, 对于任意的 $y \in \{y \mid \varepsilon^{-1}y \in C, \ \forall \, \varepsilon > 0\}$, 由于 $0 \in C$, 因此 $0 + \lambda y \in C$, 其中 $\lambda \geqslant 0$. 由定理 1.3, 有 $y \in 0^+C$. 因此结论成立.　　　□

推论 1.4　若 $\{C_i \mid i \in I\}$ 是 $\mathbb{R}^n$ 中的闭凸集族, 且它们的交非空, 则

$$0^+ \left(\bigcap_{i \in I} C_i \right) = \bigcap_{i \in I} 0^+ C_i.$$

证明　先证 $0^+ \left(\bigcap\limits_{i \in I} C_i \right) \subset \bigcap\limits_{i \in I} 0^+ C_i$. 根据定义可知, 对任意的 $y \in 0^+(\cap C_i)$, 有对任意的 $x \in \cap C_i \subset C_i$, $i \in I$, 有

$$\{x + \lambda y \mid \lambda \geqslant 0 \subset \cap C_i \subset C_i\}.$$

由定理 1.3, 有 $y \in 0^+C_i$, 从而有 $y \in \bigcap\limits_{i \in I} 0^+ C_i$. 再证 $0^+ \left(\bigcap\limits_{i \in I} C_i \right) \supset \bigcap\limits_{i \in I} 0^+ C_i$. 根据定义可知, 对任意的 $y \in \cap 0^+ C_i$, 有对任意的 $x \in \cap C_i \subset C_i$, $i \in I$, 有 $\{x + \lambda y \mid \lambda \geqslant 0\} \subset C_i$. 故

$$\{x + \lambda y \mid \lambda \geqslant 0\} \subset \cap C_i.$$

因此有 $y \in 0^+ \cap C_i$. 结论成立.　　　□

推论 1.5 设 A 是 $\mathbb{R}^n$ 到 $\mathbb{R}^m$ 的线性变换, C 是 $\mathbb{R}^m$ 中的闭凸集, 且 $A^{-1}C \neq \varnothing$, 则

$$0^+(A^{-1}C) = A^{-1}(0^+C).$$

证明 因为 A 是连续的, 且 C 是闭的, 则 $A^{-1}C$ 是闭的. 对于任意的 $x \in A^{-1}C$, $y \in 0^+(A^{-1}C)$ 当且仅当对每个 $\lambda \geqslant 0$, 有

$$C \supset A(x + \lambda y) = Ax + \lambda Ay.$$

上面等式部分意味着 $Ay \in 0^+C$, 即 $y \in A^{-1}(0^+C)$. □

定理 1.3 中的第一个结果当 C 不是闭集时, 是不成立的. 前面提到的 C_4 包含半直线, 半直线是由形如 $(1,1) + \lambda(1,0)$ 的点构成, 但 $(1,0) \notin 0^+C_4$. 结合推论 1.2, 观察到 $0^+(\mathrm{ri}C_4)$ 的范围比 0^+C_4 大.

一个无界的闭凸集至少包含一个在无穷处的点, 也就是说至少在一个方向上退化.

定理 1.4 $\mathbb{R}^n$ 中的非空闭凸集 C 是有界的, 当且仅当它的回收锥 0^+C 只由 0 向量组成.

证明 若 C 是有界的, 它当然不包含半直线, 因此 $0^+C = \{0\}$.

另一方面, 若 C 是无界的, 则它包含一个非零向量 $x_1, \cdots, x_n$ 的序列, 它们的欧氏模 $\|x_i\|$ 是无界的. 向量 $\lambda_i x_i$, $\lambda_i = \dfrac{1}{\|x_i\|}$, 全部属于单位球 $S = \{x \mid \|x\| = 1\}$. 因为 S 是 $\mathbb{R}^n$ 的一个有界的闭子集, $\lambda_1 x_1, \lambda_2 x_2, \cdots$ 的一个收敛子序列将会收敛到一个固定的 $y \in S$. 由定理 1.2 知, y 是 0^+C 的一个非零向量. □

推论 1.6 令 C 是闭凸集, M 是仿射集, 且 $M \cap C \neq \varnothing$, C 有界, 则对每个平行于 M 的仿射集 M', 有 $M' \cap C$ 是有界的.

证明 由平行的定义可知 $0^+M' = 0^+M$. 假设 $M' \cap C$ 非空, 由推论 1.4 的集合的交的规则, 有

$$0^+(M' \cap C) = 0^+M' \cap 0^+C = 0^+M \cap 0^+C = 0^+(M \cap C).$$

因为 $M \cap C$ 是有界的, 故有 $0^+(M' \cap C) = 0$. 因此 $M' \cap C$ 是有界的. □

定义 1.2   若 C 是非空凸集, 则集合 $(-0^+C) \cap 0^+C$ 叫做 C 的线性空间, 它包含零向量和所有的非零向量 y, 其中 y 满足: 对于每一个 $x \in C$, 在方向 y 上穿过 x 的直线包含在 C 中 (证明如下).

在线性空间中, 方向 y 称为 C 的线性方向. 当然, 若 C 是闭的, 且包含一个特定的直线 M, 则穿过 C 中的点, 且平行于 M 的所有直线都包含在 C 中 (这是定理 1.3 中的一个特例).

证明   集合 $(-0^+C) \cap 0^+C = \{y \mid x + \lambda y \in C, \ \lambda \in \mathbb{R}, \ x \in C\}$, 显然 $(-0^+C) \cap 0^+C$ 对加法和数乘封闭. 令 $A = (-0^+C) \cap 0^+C$, 对任意的 $\alpha, \ \beta, \ \gamma, \ 0 \in A, 1, \ m, \ n \in \mathbb{R}$, 显然有

$$\alpha + \beta = \beta + \alpha,$$

$$(\alpha + \beta) + \gamma = \alpha + (\beta + \gamma).$$

对任意 $\alpha \in A$, 存在 $0 \in A$, 使得 $\alpha + 0 = \alpha$. 对任意 $\alpha \in A$, 存在 $\beta \in A$, 有 $\alpha + \beta = 0$. 同样可得到

$$1\alpha = \alpha, \quad m(n\alpha) = (mn)\alpha,$$

$$m(\alpha + \beta) = m\alpha + m\beta, \quad (m + n)\alpha = m\alpha + n\alpha.$$

所以 $(-0^+C) \cap 0^+C$ 是 C 的线性空间, 对任意 $\lambda \in \mathbb{R}, \ x \in C$, 有 $x + \lambda y \in C$, 即对于每一个 $x \in C$, 在方向 y 上穿过 x 的直线包含在 C 中且包含零向量. $\square$

性质 1.3   集合 C 的线性空间等同于满足 $C + y = C$ 的向量 y 的集合. C 的线性空间是子空间 (详见 [6, 定理 2.7]), 是包含在凸锥 0^+C 中的最大子空间.

定义 1.3 C 的线性空间的维数叫做 C 的线性性 (linearity).

例子 1.5   条件半正定锥 K_+^n 具有如下刻画形式[8]:

$$K_+^n = \left\{ Q^{\mathrm{T}} \begin{pmatrix} A_1 & A_2 \\ A_2^T & A_0 \end{pmatrix} Q \ \middle| \ A_1 \in S_+^{m-n}, \ A_2 \in \mathbb{R}^{(m-n) \times n}, \ A_0 \in S^n \right\},$$

其中 Q 为正交矩阵. K_+^n 的线性空间由满足 $y + K_+^n = K_+^n$ 这样的 y 组成. 所以 K_+^n 的线性空间为

$$\left\{ Q^T \begin{pmatrix} 0 & A_2 \\ A_2^T & A_0 \end{pmatrix} Q \;\middle|\; A_2 \in \mathbb{R}^{(m-n)\times n},\ A_0 \in S^n \right\}.$$

例子 1.6 考虑柱面

$$C = \{(\xi_1, \xi_2, \xi_3) \mid \xi_1^2 + \xi_2^2 \leqslant 1\} \subset \mathbb{R}^3$$

的线性性以及 C 的秩.

这里的 C 是一条直线和一个圆盘的直和. C 的线性空间是 ξ_3 轴, 所以 C 的线性是 1. 集合 C 的秩为 C 的维数减去 C 的线性性, 所以 C 的秩为 2.

一般情况下, 若 C 是非空凸集, C 的非平凡线性空间为 L, 可把 C 写成直和的形式 $C = L + (C \cap L^\perp)$, 其中 $L^\perp$ 是 L 的正交补.

证明 C 的非平凡线性空间为 L, 所以

$$C = L + C = (L + C) \cap (L + L^\perp) = L + (C \cap L^\perp),$$

这里的 $+$ 表示直和. $\qquad\square$

注 1.2 在这样的表述下, 集合 $C \cap L^\perp$ 的线性性是 0. $C \cap L^\perp$ 的维数是 C 的维数减去 C 的线性, 叫做 C 的秩. 这是 C 的非线性的一种验证方式.

秩为 0 的凸集是仿射集. 闭凸集的秩与它的维数相等当且仅当这个闭凸集中不包含直线. 在

$$C = \{x \mid \langle x, b_i \rangle \geqslant \beta_i,\ \forall i \in I\}$$

的情形下, C 的线性空间 L 是由等式组给定的: $L = \{x \mid \langle x, b_i \rangle = 0,\ \forall i \in I\}$.

1.3　回　收　函　数

我们现在把上面的结果应用到凸函数中. 令 f 是 $\mathbb{R}^n$ 上的凸函数,
且不等于 $+\infty$. f 的上图是 $\mathbb{R}^{n+1}$ 中的非空凸集, f 的上图的回收锥为
$0^+(\mathrm{epi}f)$. 根据定义, $(y,\nu) \in 0^+(\mathrm{epi}f)$ 当且仅当对任意 $(x,\mu) \in \mathrm{epi}f$,
$\lambda \geqslant 0$, 有

$$(x,\mu) + \lambda(y,\nu) = (x+\lambda y, \mu+\lambda\nu) \in \mathrm{epi}f.$$

这就意味着对每个 x 和 $\lambda \geqslant 0$, $f(x+\lambda y) \leqslant f(x) + \lambda\nu$.

事实上, 如果仅对 $\lambda = 1$ 成立, 则定理 1.1 中的后一等式对每个 x
和 $\lambda \geqslant 0$ 成立. 在所有情形中, 对于一个给定 y, $(y,\nu) \in 0^+(\mathrm{epi}f)$ 中的
ν 值形成一个 $\mathbb{R}$ 的无界闭区间, 或是一个空区间. 因此 $0^+(\mathrm{epi}f)$ 是一
个特定函数的上图, 我们称这个函数是 f 的回收函数, 记作 $f0^+$. 根据
定义,

$$\mathrm{epi}(f0^+) = 0^+(\mathrm{epi}f).$$

定理 1.5　令 f 是正常凸函数, 则 f 的回收函数 $f0^+$ 是正齐次正
常凸函数. 对每个向量 y, 有

$$(f0^+)(y) = \sup\{f(x+y) - f(x) \mid x \in \mathrm{dom}f\}.$$

如果 f 是闭的, 则 $f0^+$ 也是闭的. 对任意的 $x \in \mathrm{dom}f$, 有

$$(f0^+)(y) = \sup_{\lambda > 0} \frac{f(x+\lambda y) - f(x)}{\lambda} = \lim_{\lambda \to \infty} \frac{f(x+\lambda y) - f(x)}{\lambda}.$$

证明　因为 $\mathrm{epi}(f0^+) = 0^+(\mathrm{epi}f)$, 对任意的 $(y,\nu) \in \mathrm{epi}(f0^+) = 0^+(\mathrm{epi}f)$, 有对任意的 $x \in \mathrm{dom}f \Leftrightarrow (x, f(x)) \in \mathrm{epi}f$, 即

$$f(x+y) \leqslant f(x) + \nu.$$

由 [6, 定理 5.3], 有

$$(f0^+)(y) = \inf\{\nu \mid (y, \nu) \in \text{epi}(f0^+)\}$$
$$= \inf\{\nu \mid f(x+y) - f(x) \leqslant \nu\}$$
$$= \sup\{f(x+y) - f(x) \mid x \in \text{dom} f\}.$$

$\nu \geqslant (f0^+)(y)$ 意味着对任意的 $x \in \text{dom} f$,

$$\nu \geqslant \sup_{\lambda > 0}\{[f(x + \lambda y) - f(x)]/\lambda\}.$$

由此也可以得出 $(f0^+)(y)$ 不可能取到 $-\infty$. 所以 $f0^+$ 正常. 固定 $x \in \text{dom} f$, 上确界给出了一个最小的实数 ν, 使得 $\text{epi} f$ 包含以 $(x, f(x))$ 为终点, (y, ν) 为方向的半直线. 即

$$\{(x, f(x) + \lambda(y, \nu) \mid \lambda \geqslant 0)\} = \{(x + \lambda y, f(x) + \lambda \nu \mid \lambda \geqslant 0)\} \subset \text{epi} f$$
$$\Leftrightarrow f(x + \lambda y) \leqslant f(x) + \lambda \nu, \ \lambda \geqslant 0.$$

因此有

$$\nu \geqslant \frac{f(x + \lambda y) - f(x)}{\lambda}.$$

若 f 是闭的, $\text{epi} f$ 是闭的, 由定理 1.3, ν 是不取决于 x 的. 这也就证明了定理中的第二个等式中的上确界部分. 事实上, 上确界是和 $\lambda \to \infty$ 时的极限是相同的, 这是因为差商 $[f(x + \lambda y) - f(x)]/\lambda$ 由于 f 的凸性是关于 λ 的一个非增函数. 上图 $0^+(\text{epi} f)$ 是一个非空的凸锥, 所以 $\text{epi}(f0^+)$ 是非空凸锥, 则有 $f0^+$ 为正齐次凸函数 (正齐次函数 $\Leftrightarrow$ 其上图为凸锥). f 若闭则 $0^+(\text{epi} f) = \text{epi}(f0^+)$ 闭, 所以 $f0^+$ 也是闭的. □

推论 1.7 令 f 是正常凸函数, 则 $f0^+$ 是使下面的公式成立的最小的 h,

$$f(z) \leqslant f(x) + h(z - x), \quad \forall z, \forall x.$$

证明 令 $y = z - x$, 则对任意的 x, y, 有

$$f(x + y) - f(x) \leqslant h(y).$$

因此

$$f0^+(y) = \sup\{f(x+y) - f(x) \mid x \in \mathrm{dom}f\}.$$

所以 $h(y) \geqslant f0^+(y)$.   □

当 f 是正常闭凸函数, 则 f 的回收函数可以看作是闭包的结构. 令 g 是由 h 生成的正齐次凸函数, 其中

$$h(\lambda, x) = f(x) + \delta(\lambda \mid 1).$$

换句话说,

$$g(\lambda, x) = \begin{cases} (f\lambda)(x), & \text{如果} \lambda \geqslant 0, \\ +\infty, & \text{其他}. \end{cases}$$

可从定理 1.2 及 $f0^+$ 的定义直接得到

$$(\mathrm{cl}g)(\lambda, x) = \begin{cases} (f\lambda)(x), & \text{如果} \lambda > 0, \\ (f0^+)(x), & \text{如果} \lambda = 0, \\ +\infty, & \text{其他}. \end{cases}$$

利用定理 1.2, $\mathrm{epi}f$ 为非空闭凸集,

$$K = \{\lambda(1, x, \mu) \mid \lambda \geqslant 0, \ (x, \mu) \in \mathrm{epi}f\},$$

$$\mathrm{cl}K = K \cup \{(0, x) \mid x \in 0^+(\mathrm{epi}f)\}.$$

$$\begin{aligned} \mathrm{epi}g &= \{(\lambda, x, \nu) \mid g(\lambda, x) \leqslant \nu\} \\ &= \{(\lambda, x, \mu) \mid \lambda f(\lambda^{-1}x) \leqslant \nu, \ \lambda > 0\} \cup \{(0, x, \nu) \mid \delta(x \mid 0) \leqslant \nu\} \\ &= \{(\lambda, x, \nu) \mid (\frac{x}{\lambda}, \frac{\nu}{\lambda}) \in \mathrm{epi}f, \ \lambda > 0\} \cup \{(0, 0, \nu) \mid \nu \geqslant 0\} \\ &= \{\lambda(1, x, \nu) \mid (x, \nu) \in \mathrm{epi}f, \ \lambda > 0\} \cup \{(0, 0, \nu) \mid \nu \geqslant 0\}. \end{aligned}$$

由定理 1.2,

$$\mathrm{cl}(\mathrm{epi}g) = \mathrm{epi}(\mathrm{cl}g) = \mathrm{epi}g \cup \{(0, x) \mid x \in 0^+(\mathrm{epi}f) = \mathrm{epi}(f0^+)\}.$$

故 $(\mathrm{cl}g)(\lambda, x)$ 由 $\mathrm{epi}(\mathrm{cl}g)$ 取下确界得到.

推论 1.8　若 f 是任意的正常闭凸函数, 对任意的 $y \in \mathrm{dom} f$, 有

$$(f0^+)(y) = \lim_{\lambda \downarrow 0}(f\lambda)(y).$$

若 $0 \in \mathrm{dom} f$, 这个公式对所有的 $y \in \mathbb{R}^n$ 成立.

证明　若 $0 \in \mathrm{dom} f$, 则定理 1.5 的后一个公式说明

$$(f0^+)(y) = \lim_{\lambda \uparrow \infty}[f(\lambda y) - f(0)]/\lambda = \lim_{\lambda \downarrow 0} \lambda f(\lambda^{-1} y).$$

若 $0 \notin \mathrm{dom} f$, 由 [6, 推论 7.10] 知, 对于闭的正常凸函数 $\mathrm{cl} g$, 对每个 $(\lambda, y) \in \mathrm{dom}(\mathrm{cl} g)$, 有

$$\mathrm{cl} g(0, y) = \lim_{\lambda \downarrow 0}(\mathrm{cl} g)(\lambda, y),$$

即 $(f0^+)(y) = \lim_{\lambda \downarrow 0}(f\lambda)(y)$. 若此时 $y \in \mathrm{dom} f$, 则命题得证.

下面证明当 $y \in \mathrm{dom} f$ 时, 存在 $\lambda \geqslant 0$, 有 $(\lambda, y) \in \mathrm{dom}(\mathrm{cl} g)$. 当 $y \in \mathrm{dom} f$ 时, 有 $f(y) < +\infty$. 则存在 $\lambda > 0$, 有 $(f\lambda)(y) < +\infty$, 或当 $\lambda = 0$ 时, 有 $(f0^+)(y) < +\infty$. 由上面 $\mathrm{cl} g(\lambda, y)$ 的定义, 存在 $\lambda \geqslant 0$, 使得 $\mathrm{cl} g(\lambda, y) < +\infty$. 因此 $y \in \mathrm{dom} f$ 时, 有 $(\lambda, y) \in \mathrm{dom}(\mathrm{cl} g)$.　　□

例子 1.7　考虑 $f_1(x) = (1 + \langle x, Qx \rangle)^{1/2}$, 其中 Q 是 $n \times n$ 对称半正定矩阵. f_1 的凸性可从 [6, 定理 5.1] 中推导. 由推论 1.8,

$$(f_1 0^+)(y) = \lim_{\lambda \downarrow 0} \lambda f_1(\lambda^{-1} y)$$
$$= \lim_{\lambda \downarrow 0}(\lambda^2 + \langle y, Qy \rangle)^{1/2}$$
$$= \langle y, Qy \rangle^{1/2}.$$

例子 1.8　对于

$$f_2(x) = \langle x, Qx \rangle + \langle a, x \rangle + \alpha,$$

有相同的公式,

$$(f_2 0^+)(y) = \lim_{\lambda \downarrow 0} \lambda f_2(\lambda^{-1} y)$$

$$= \lim_{\lambda \downarrow 0}[\lambda^{-1}\langle y, Qy \rangle + \langle a, y \rangle + \lambda\alpha]$$

$$= \begin{cases} \langle a, y \rangle, & \text{如果}Qy = 0, \\ +\infty, & \text{如果}Qy \neq 0. \end{cases}$$

特别地, 当 Q 是正定时, 有

$$f0^+ = \delta(\cdot \mid 0).$$

当然, 对任一有效域是有界的正常凸函数而言, 后一公式都是有效的.

证明　设 f 有效域有限, 则

$$0^+(\text{epi}f) = \{(0, x) \mid x \geqslant 0\} \Rightarrow f_2 0^+ = \delta(\cdot \mid 0). \qquad \square$$

例子 1.9　记

$$f_3(x) = \log(e^{\xi_1} + \cdots + e^{\xi_n}), \quad x = (\xi_1, \cdots, \xi_n), \quad n > 1,$$

则

$$(f_3 0^+)(y) = \max\{\eta_j \mid j = 1, \cdots, n\}, \quad y = (\eta_1, \cdots, \eta_n),$$

因此 $f_3 0^+$ 不可微, 尽管 $f_3 0^+$ 处处有限且 f_3 是解析的. f_3 的凸性可以借助 [6, 定理 4.5] 由经典讨论得到. 注意到

$$\nabla^2 f_3(x)$$
$$= \begin{pmatrix} \dfrac{e^{\xi_1}(e^{\xi_2} + \cdots + e^{\xi_n})}{(e^{\xi_2} + \cdots + e^{\xi_n})^2} & \dfrac{-e^{\xi_1}e^{\xi_2}}{(e^{\xi_2} + \cdots + e^{\xi_n})^2} & \cdots & \dfrac{-e^{\xi_1}e^{\xi_n}}{(e^{\xi_2} + \cdots + e^{\xi_n})^2} \\ \dfrac{-e^{\xi_2}e^{\xi_1}}{(e^{\xi_2} + \cdots + e^{\xi_n})^2} & \dfrac{e^{\xi_2}(e^{\xi_1} + e^{\xi_3} + \cdots + e^{\xi_n})}{(e^{\xi_2} + \cdots + e^{\xi_n})^2} & \cdots & \dfrac{-e^{\xi_2}e^{\xi_n}}{(e^{\xi_2} + \cdots + e^{\xi_n})^2} \\ \cdots & \cdots & \cdots & \cdots \\ \dfrac{-e^{\xi_n}e^{\xi_1}}{(e^{\xi_2} + \cdots + e^{\xi_n})^2} & \dfrac{-e^{\xi_n}e^{\xi_2}}{(e^{\xi_2} + \cdots + e^{\xi_n})^2} & \cdots & \dfrac{e^{\xi_n}(e^{\xi_1} + \cdots + e^{\xi_{n-1}})}{(e^{\xi_2} + \cdots + e^{\xi_n})^2} \end{pmatrix},$$

记

$$e^{\xi_2} + \cdots + e^{\xi_n} = A > 0,$$

则对任意的 $z = (z_1, \cdots, z_n)$, 有

$$
\begin{aligned}
\langle z, \nabla^2 f_3(x)z \rangle &= \frac{1}{A^2} \sum_{j=1}^{n} z_j e^{\xi_j} \sum_{i=1}^{n} (z_j - z_i)e^{\xi_i} \\
&= \frac{1}{A^2} \left[\sum_{i=1}^{n} z_i^2 e^{\xi_i}(A - e^{\xi_i}) - 2\sum_{i=1}^{n-1}\sum_{j>i} e^{\xi_i}e^{\xi_j}z_iz_j \right] \\
&= \frac{1}{A^2} \left[\sum_{i=2}^{n} z_i^2 e^{\xi_i}\left(\sum_{j<i} e^{\xi_j}\right) + \sum_{i=1}^{n-1} z_i^2 e^{\xi_i}\left(\sum_{j>i} e^{\xi_j}\right) - \cdots \right] \\
&= \frac{1}{A^2} \left[\sum_{j=1}^{n-1} e^{\xi_j}\left(\sum_{i>j} z_i^2 e^{\xi_i}\right) + \sum_{i=1}^{n-1} z_i^2 e^{\xi_i}\left(\sum_{j>i} e^{\xi_j}\right) - \cdots \right] \\
&= \frac{1}{A^2} \left[\sum_{i=1}^{n}\sum_{j>i} e^{\xi_i}e^{\xi_j}(z_j^2 + z_i^2 - 2z_iz_j) \right] \\
&= \frac{1}{A^2} \left[\sum_{i=1}^{n}\sum_{j>i} e^{\xi_i}e^{\xi_j}(z_i - z_j)^2 \right] \\
&\geqslant 0.
\end{aligned}
$$

所以 f_3 是凸函数.

不妨设 $\eta_n = \max\{\eta_1, \cdots, \eta_n\}$, 则

$$
\begin{aligned}
(f_30^+)(y) &= \lim_{\lambda \downarrow 0} \lambda f_3(\lambda^{-1}y) \\
&= \lim_{\lambda \downarrow 0} \lambda \log\left(e^{\lambda^{-1}\eta_1 + \cdots + \lambda^{-1}\eta_n}\right) \\
&= \lim_{\lambda \downarrow 0} \lambda \log\left[e^{\frac{\eta_n}{\lambda}}\left(1 + e^{\frac{\eta_1 - \eta_n}{\lambda}} + \cdots + e^{\frac{\eta_{n-1} - \eta_n}{\lambda}}\right)\right] \\
&= \eta_n + \lim_{\lambda \downarrow 0} \lambda \log\left(1 + e^{\frac{\eta_1 - \eta_n}{\lambda}} + \cdots + e^{\frac{\eta_{n-1} - \eta_n}{\lambda}}\right) \\
&= \eta_n.
\end{aligned}
$$

所以

$$
(f_30^+)(y) = \max\{\eta_j \mid j = 1, \cdots, n\}, \quad y = (\eta_1, \cdots, \eta_n).
$$

定理 1.6　设 f 是一个正常凸函数. 令 y 是一向量. 若对一给定 x, 有

$$\liminf_{\lambda \to +\infty} f(x + \lambda y) < +\infty.$$

则

(i) $f(x + \lambda y)$ 关于 λ 是一个非增的函数, $-\infty < \lambda < +\infty$;

(ii) 该性质 (i) 对任意 x 都成立, 当且仅当 $(f0^+)(y) \leqslant 0$;

(iii) 若 f 是闭的, 只要有一个 $x \in \mathrm{dom} f$ 满足性质 (i), 则对任意 x 都有该性质成立.

证明　先证明 (ii). 由定义,

$$(f0^+)(y) \leqslant 0$$

$$\Leftrightarrow (y, 0) \in \mathrm{epi}(f0^+) = 0^+(\mathrm{epi} f)$$

$$\Leftrightarrow (z, f(z)) + \lambda(y, 0) = (z + \lambda y, f(z)) \in \mathrm{epi} f, \ \forall \ (z, f(z)), \forall \ \lambda \geqslant 0$$

$$\Leftrightarrow f(z + \lambda y) \leqslant f(z), \ \forall \ z, \ \lambda \geqslant 0$$

$$\Leftrightarrow f(z + \lambda_2 y + (\lambda_1 - \lambda_2)y) \leqslant f(z + \lambda_2 y), \ \forall \ z, \ \forall \ \lambda_1, \lambda_2, \ \lambda_1 > \lambda_2$$

$$\Leftrightarrow f(z + \lambda_1 y) \leqslant f(z + \lambda_2 y), \ \forall \ \lambda_1 > \lambda_2 \geqslant 0.$$

因此 $(f0^+)(y) \leqslant 0$ 当且仅当对任意 x, $f(x + \lambda y)$ 是一个关于 λ 的非增函数, $-\infty < \lambda < +\infty$.

(iii) 若 f 是闭的, 只要存在一个 $x \in \mathrm{dom} f$ 使得 $f(x + \lambda y)$ 关于 λ 是非增的, 由定理 1.5 的最后一个等式, 可以得到 $(f0^+)(y) \leqslant 0$. 再由 (ii) 可知, 对任意 x, 该性质 (iii) 都成立.

(i) 假设存在一个 x 使得

$$\liminf_{\lambda \to +\infty} f(x + \lambda y) \leqslant \alpha, \quad \alpha \in \mathbb{R}.$$

定义 $h(\lambda) = f(x + \lambda y)$, 则 h 是 $\mathbb{R}$ 上的正常凸函数. 设

$$\liminf_{\lambda \to +\infty} f(x + \lambda y) = \alpha_0,$$

则对任意的 $\varepsilon > 0$, 任意 $M > 0$, 存在 $\lambda_k > M$, 使得

$$h(\lambda_k) = f(x + \lambda_k y) < \alpha_0 + \varepsilon < \alpha.$$

所以 h 的上图包含一列满足 $\lambda_k \to +\infty$ 的形如 $(\lambda_k, \alpha)(k = 1, 2, \cdots)$ 的点. 这个序列的凸包为沿着 $(1, 0)$ 方向上的半直线, 而且这条半直线包含在闭凸集 epi(cl$h$) 中. 因此, $(1, 0)$ 属于 epi(cl$h$) 的回收锥, 也就是说, cl$h$ 在 $\mathbb{R}$ 上非增. cl$h$ 的有效域一定是一个没有上界的区间. 由 [6, 定理 7.3] 知, 闭包运算最多降低 h 在其有效域边界上的值, 所以 h 本身是 $\mathbb{R}$ 上非增函数. 所以 $f(x + \lambda y)$ 是关于 λ 的非增函数. □

推论 1.9　f 是一正常凸函数, y 是一向量.

(i) 对任意的 x, $-\infty < \lambda < +\infty$, $f(x + \lambda y)$ 关于 λ 是常函数的充要条件是

$$(f0^+)(y) \leqslant 0 \quad \text{且} \quad (f0^+)(-y) \leqslant 0; \tag{1.2}$$

(ii) 若 f 闭, 若存在一个 x 使得对实数 α 有

$$f(x + \lambda y) \leqslant \alpha, \quad \forall \lambda \in \mathbb{R}, \tag{1.3}$$

则条件 (1.2) 也满足.

证明　(i) $f(x + \lambda y)$ 对于每个 x 为关于 $\lambda(-\infty < \lambda < +\infty)$ 的常函数, 即 $f(x + \lambda y)$ 对每个 x 为关于 $\lambda(-\infty < \lambda < +\infty)$ 的非增且非减函数. 这等价于 $f(x + \lambda y)$ 对每个 x 为关于 $\lambda(-\infty < \lambda < +\infty)$ 的非增函数, 且 $f(x - \lambda y)$ 对于每个 x 为关于 $\lambda(-\infty < \lambda < +\infty)$ 的非增函数. 由定理 1.6, 这等价于 $(f0^+)(y) \leqslant 0$ 且 $(f0^+)(-y) \leqslant 0$. 故 (1.2) 成立.

(ii) 若 f 闭, 若存在 x 使得对实数 α 有 (1.3) 成立, 则由定理 1.3 有

$$(f0^+)(y) = \lim_{\lambda \to \infty} \frac{f(x + \lambda y) - f(x)}{\lambda} = 0,$$

$$(f0^+)(-y) = \lim_{\lambda \to \infty} \frac{f(x - \lambda y) - f(x)}{\lambda} = 0.$$

即 (1.2) 成立. □

推论 1.10　仿射集 M 上的凸函数 f, 则 f 是一个常函数.

证明　因为 f 在 M 上有限, 可以定义 $\mathrm{dom}\, f = M$, f 在集合 M 之外都取 $+\infty$, 那么由 [6, 推论 7.9] 可得 f 是闭的. 由推论 1.9(ii) 可知, 存在一个 x, 使得对某个实数 α, 有 (1.3) 成立, 则 (1.2) 成立. 再由推论 1.9(i), $f(x + \lambda y)$ 是常函数即 f 沿 M 中的任一条直线都是常数值. 而 M 包含所有通过它中任意两点的直线, 所以 f 在 M 上是一个常函数. □

1.4　函数的回收锥

定义 1.4　由所有使得 $(f0^+)(y) \leqslant 0$ 的 y 构成的集合叫做 f 的回收锥 (注意与 $\mathrm{epi}\, f$ 的回收锥区分开). 根据定理 1.6, f 的回收锥中的方向被称做 f 退化的方向, 或 f 回收的方向.

性质 1.4　f 的回收锥是一个包含 0 的凸锥. 若 f 闭则它是闭的. (它可以看作是 $0^+(\mathrm{epi}\, f)$ 和 $\mathbb{R}^{n+1}$ 上的水平超平面 $\{(y, 0) \mid y \in \mathbb{R}^n\}$ 的交.)

证明　(i) 注意到

$$f0^+(y) = \sup\{f(x + y) - f(x) \mid x \in \mathrm{dom}\, f\}.$$

因为 $(f0^+)(0) = 0$, 所以 f 的回收锥含 0 元素. 对任意的 y, $(f0^+)(y) \leqslant 0$, 则

$$(y, 0) \in \mathrm{epi}(f0^+) = 0^+\mathrm{epi}\, f,$$

所以 $\lambda(y, 0) \in \mathrm{epi}(f0^+)$, $\lambda > 0$. 则 $f0^+(\lambda y) \leqslant 0$, 所以它是包含原点的锥. 下面证明回收锥的凸性. 对任意 f 回收锥中的两个元素 y_1, y_2, 有

$$f0^+(y_1) \leqslant 0, \ f0^+(y_2) \leqslant 0$$

$$\Leftrightarrow (y_1, 0) \in \mathrm{epi}(f0^+), \ (y_2, 0) \in \mathrm{epi}(f0^+)$$

$$\Leftrightarrow (y_1, 0) \in 0^+(\mathrm{epi}\, f), \ (y_2, 0) \in 0^+(\mathrm{epi}\, f)$$

$$\Leftrightarrow (x, \mu) + \lambda_1(y_1, 0) \in \mathrm{epi}\, f, \ (x, \mu) + \lambda_2(y_2, 0) \in \mathrm{epi}\, f, \ \forall\, (x, \mu) \in \mathrm{epi}\, f,$$

$$\forall\, \lambda_1 \geqslant 0,\ \forall\, \lambda_2 \geqslant 0$$

$$\Rightarrow ((x,\mu) + \lambda(y_1,0)) + \lambda(y_2,0) \in \mathrm{epi} f,\ \forall\, (x,\mu) \in \mathrm{epi} f,\ \forall\, \lambda \geqslant 0$$

$$\Rightarrow (x,\mu) + \lambda((y_1,0) + (y_2,0)) \in \mathrm{epi} f,\ \forall\, (x,\mu) \in \mathrm{epi} f,\ \forall\, \lambda \geqslant 0$$

$$\Rightarrow (y_1,0) + (y_2,0) \in 0^+(\mathrm{epi} f)$$

$$\Rightarrow (y_1,0) + (y_2,0) \in \mathrm{epi}(f 0^+)$$

$$\Rightarrow f 0^+(y_1 + y_2) \leqslant 0.$$

即 $y_1 + y_2$ 也在 f 的回收锥中. 因此 f 的回收锥是凸的.

(ii) 若 f 闭, 则 $0^+(\mathrm{epi} f)$ 闭. 显然 $\{(y,0) \mid y \in \mathbb{R}^n\}$ 是闭集. 闭集的交仍然是闭集. 而回收锥可对应于 $0^+(\mathrm{epi} f) \cap \{(y,0) \mid y \in \mathbb{R}^n\}$ 在线性变换 $A(a,b) \to x$ 上的投影, 其中 $a \in \mathbb{R}^n, b \in \mathbb{R}$. 所以 f 的回收锥是闭的. $\qquad\square$

定义 1.5 由所有使得 $(f 0^+)(y) \leqslant 0$ 且 $(f 0^+)(-y) \leqslant 0$ 的 y 构成的集合叫做 f 的常空间, 它是包含在 f 的回收锥中的最大子空间 (详见 [6, 定理 2.7]). 常空间里的方向叫做 f 为常数的方向。

例子 1.10 例 1.7 中 f_1 的回收锥和常空间都是

$$\{y \mid Qy = 0\}.$$

例 1.8 中 f_2 的回收锥是

$$\{y \mid Qy = 0,\ \langle a, y \rangle \leqslant 0\},$$

常空间是

$$\{y \mid Qy = 0,\ \langle a, y \rangle = 0\}.$$

例 1.9 中 f_3 的回收锥是 $\mathbb{R}^n$ 的非正象限, 常空间却只有零向量.

定理 1.7 f 是 $\mathbb{R}^n$ 上的正常闭凸函数. 所有形如 $\{x \mid f(x) \leqslant \alpha\}(\alpha \in \mathbb{R})$ 的非空水平集, 都有相同的回收锥和相同的线性空间, 分别是 f 的回收锥及 f 的常空间.

证明　记

$$A_\alpha = \{x \mid f(x) \leqslant \alpha\}.$$

$y \in 0^+ A_\alpha$ 当且仅当对 $\lambda \geqslant 0$, $f(x) \leqslant \alpha$ 都有 $f(x + \lambda y) \leqslant \alpha$. 因为 (x, α), $(x + \lambda y, \alpha) \in \mathrm{epi} f$, 所以

$$(y, 0) \in 0^+ \mathrm{epi} f = \mathrm{epi}(f0^+).$$

则有 $(f0^+)(y) \leqslant 0$, 即

$$0^+ A_\alpha = \{y \mid (f0^+)(y) \leqslant 0\}.$$

所以上述水平集的回收锥是 f 的回收锥. A_α 的线性空间为

$$\{y \mid \in (-0^+ A_\alpha) \cap 0^+ A_\alpha\} = \{y \mid (f0^+)(y) \leqslant 0,\ (f0^+)(-y) \leqslant 0\}.$$

所以 A_α 线性空间是 f 的常空间. □

推论 1.11　f 是一个正常闭凸函数. 若水平集 $\{x \mid f(x) \leqslant \alpha\}$ 非空且对一个 α 有界, 那它对任意的 α 都有界.

证明　直接应用定理 1.4. □

定理 1.8　对任一正常凸函数 f, 向量 y, 实数 v, 以下条件是等价的;

(i) 对每个向量 x, $\lambda \in \mathbb{R}$, 有 $f(x + \lambda y) = f(x) + \lambda v$;

(ii) (y, v) 属于 $\mathrm{epi} f$ 的线性空间;

(iii) $-(f0^+)(-y) = (f0^+)(y) = v$.

若 f 闭, 则只需有一个 $x \in \mathrm{dom} f$ 使得 $f(x + \lambda y)$ 关于 λ 是一个仿射函数, 就有 y 满足以上条件, 且 $v = (f0^+)(y)$.

证明　(i) $\Rightarrow$ (iii). 由 (i), 对任意 $x \in \mathrm{dom} f$, 有 $f(x + y) - f(x) = v$, 再由定理 1.5 的第一个公式可得 $v = (f0^+)(y)$. 再令 $\lambda = -1$, 可得 $-v = (f0^+)(-y)$. 这样就由 (i) 得到了 (iii).

(iii) $\Rightarrow$ (ii). 由 (iii) 可知

$$(y, v) \in \mathrm{epi}(f0^+) = 0^+(\mathrm{epi} f), \quad (-y, -v) \in \mathrm{epi}(f0^+) = 0^+(\mathrm{epi} f).$$

即

$$(y, v) \in 0^+(\text{epi} f) \cap (-0^+(\text{epi} f)).$$

这与条件 (ii) 一致.

(ii) $\Rightarrow$ (i) 由 (ii), (y, v) 属于 epi$f$ 的线性空间, 则 $-\lambda(y, v)$ 属于 epi$f$ 的线性空间, 可以得到对任意的 $\lambda \in \mathbb{R}$,

$$(\text{epi} f) - \lambda(y, v) = \text{epi} f. \tag{1.4}$$

对任意的 λ, 定义一个函数

$$g(x) = f(x + \lambda y) - \lambda v,$$

则有

$$\begin{aligned}
\text{epi} g &= \{(a, b) \mid g(a) \leqslant b\} \\
&= \{(a, b) \mid f(a + \lambda y) - \lambda v \leqslant b\} \\
&= \{(a, b) \mid (a + \lambda y, b + \lambda v) \in \text{epi} f\} \\
&= \{(a, b) \mid (a, b) \in \text{epi} f - \lambda(y, v)\} \\
&= \text{epi} f. \quad (\text{由公式}(1.4))
\end{aligned}$$

因此 epi$g$ = epi$f$. 所以 f 与 g 相等, 就得到了 (i). 所以上面三个条件 (i)—(iii) 是等价的.

当 f 是闭的, 存在 $x \in \text{dom} f$ 使得 $f(x + \lambda y)$ 关于 λ 是一个仿射函数. 不妨记

$$f(x + \lambda y) = a\lambda + b, \quad a, \, b \in \mathbb{R}.$$

由定理 1.5,

$$(f0^+)(y) = \lim_{\lambda \to \infty} \frac{f(x + \lambda y) - f(x)}{\lambda} = \lim_{\lambda \to \infty} \frac{a\lambda + b}{\lambda} = a.$$

当 $\lambda = 0$ 时, 有 $f(x) = b$. 所以对每个向量 x, $\lambda \in \mathbb{R}$, 有

$$f(x + \lambda y) = f(x) + \lambda a,$$

且 $a = (f0^+)(y)$. 对比 (i) 和 (iii), 有 $f0^+(y) = v$. $\qquad\square$

定义 1.6　所有使得 $(f0^+)(-y) = -(f0^+)(y)$ 的 y 构成的集合被称作正常凸函数 f 的线性空间. f 的线性空间是 $\mathbb{R}$ 上的子空间, 它是凸集 epi$f$ 的线性空间在投影 $(y,v) \to y$ 下的像 (证明如下), 且在其上, $f0^+$ 是线性的 ([6, 定理 4.8]). f 的线性空间里的方向被称作 f 仿射的方向. 线性空间的维数叫做 f 的线性. f 的维数减去 f 的线性定义为 f 的秩.

证明　正常凸函数 f 的线性空间

$$A = \{y \mid (f0^+)(-y) = -(f0^+)(y)\}.$$

对于 $y \in A$, 记 $v = f0^+(y)$. 则由 A 的定义, 有

$$v = -f0^+(-y).$$

因此

$$y \in A \Leftrightarrow (y,v) \in \text{epi}(f0^+), (-y,-v) \in \text{epi}(f0^+)$$
$$\Leftrightarrow (y,v) \in 0^+(\text{epi}f) \cap (-0^+(\text{epi}f)), \ v = f0^+(y)$$
$$\Leftrightarrow (y,v)\text{在 epi}f \text{ 的线性空间中}, \ v = f0^+(y),$$

即 f 的线性空间是凸集 epi$f$ 的线性空间在投影 $(y,v) \to y$ 下的像.　□

秩为 0 的正常凸函数是部分仿射函数, 即函数在某个仿射集上与一个仿射函数相同, 而在其他处都为 $+\infty$. 若正常闭凸函数 f 有它的秩等于它的维数 ($\text{rank}f = \text{dim}f$) 当且仅当它在 dom$f$ 的任一条直线上都不是仿射的.

凸集的秩与它的指示函数的秩一致.

1.5　练　习　题

练习 1.1　记 S^n 为 $n \times n$ 对阵矩阵的空间. 计算对称半定锥 $S^n_+ = \{X \in S^n \mid X \succeq 0\}^{[9]}$ 的回收锥 $0^+(S^n_+)$, 其中 $X \succeq 0$ 表示 X 对称半正定.

练习 1.2   计算条件半定锥[7]

$$K_+^n = \{X \in S^n \mid x^\mathrm{T} X x \geqslant 0, \ \forall \, x, x^\mathrm{T} e = 0\} \qquad (1.5)$$

的回收锥 $0^+(K_+^n)$, 其中 $e = (1, \cdots, 1)^\mathrm{T} \in \mathbb{R}^n$.

第 2 章 闭 性 准 则

2.1 关于闭性的讨论

对凸集而言, 有许多运算是保持相对内部的, 但闭包的情况有些复杂. 例如, 给定一个凸集 C 和一个线性变换 A, 由 [6, 定理 6.6], 有 $\mathrm{ri}(AC) = A(\mathrm{ri}C)$, 但对闭包运算只有 $\mathrm{cl}(AC) \supset A(\mathrm{cl}C)$.

那么在怎样的条件下才有 $\mathrm{cl}(AC) = A(\mathrm{cl}C)$ 呢? 闭凸集的像在什么条件下是闭集呢? 这些问题值得注意, 原因有两点.

第一, 与下半连续性的保持有关. 正常凸函数 h 在线性变换 A 下的像 Ah 的上图具有 $\mathrm{epi}(Ah) = F \cup F_0$ 的形式, 其中, F 是 $\mathrm{epi}h$ 在线性变换 $B : (x, \mu) \to (Ax, \mu)$ 下的像, F_0 是 F 的 "下边界"([6, 定理 5.3]).

证明　注意到

$$Ah(y) = \inf\{h(x) \mid Ax = y\},$$

及

$$\begin{aligned}
\mathrm{epi}(Ah) &= \mathrm{epi}\{\inf\{h(x) \mid Ax = y\}\} \\
&= \{(y, \mu) \mid \mu \geqslant \inf h(x),\ Ax = y\} \\
&= \{(Ax, \mu) \mid \mu \geqslant \inf h(x)\}.
\end{aligned}$$

因为 F 是 $\mathrm{epi}h$ 在线性变换 B 下的像, 所以有

$$F = B(\mathrm{epi}h) = \{(Ax, \mu) \mid (x, \mu) \in \mathrm{epi}h)\} = \{(Ax, \mu) \mid \mu \geqslant h(x)\}.$$

因为 F_0 是 F 的 "下边界", 所以

$$F_0 = \{(Ax, \inf\mu) \mid (Ax, \mu) \in F\}.$$

故

$$F \cup F_0 = \{(Ax, \mu) \mid \mu \geqslant h(x)\} \cup \{(Ax, \inf\mu) \mid (Ax, \mu) \in F\}.$$

若线性变换 B 是一对一的, 给定 y, 使得满足 $Ax = y$ 的 x 只有一个, 则

$$h(x) = \inf h(x),$$

且

$$\mathrm{epi}(Ah(y)) = \{(Ax, \mu) \mid \mu \geqslant h(x)\} = F.$$

若线性变换 B 是多对一的, 则

$$\mathrm{epi}(Ah(y)) = \{(Ax, \mu) \mid \mu \geqslant h(x)\} \cup \{(Ax, \inf\mu) \mid (Ax, \mu) \in F\} = F \cup F_0.$$
$$\square$$

若 F 是闭的, 则 $F = \mathrm{epi}(Ah)$. 由 [6, 定理 7.1] 知, Ah 是下半连续的.

证明 若 F 是闭的, 则 F 的下边界 F_0 可以在 F 中取到,

$$\begin{aligned}
F \cup F_0 &= \{(Ax, \mu) \mid \mu \geqslant h(x)\} \cup \{(Ax, \inf\mu) \mid (Ax, \mu) \in F\} \\
&= \{(Ax, \mu) \mid \mu \geqslant h(x)\} \\
&= F.
\end{aligned}$$

所以有 $F = \mathrm{epi}(Ah)$ 是闭的. 由 [6, 定理 7.1] 知, Ah 是下半连续的. $\square$

那么我们就可以研究在什么条件下 $\mathrm{epi}h$ 在 B 下的像是闭的. 注意到

$$B(\mathrm{epi}h) = B\left(\{(x, \mu) \mid \mu \geqslant h(x)\}\right) = \{(Ax, \mu) \mid \mu \geqslant h(x)\}.$$

"$\mathrm{epi}h$ 是闭的", 即 "h 是下半连续的" 这一条件, 一般来说并不充分. 举例如下.

例子 2.1 $\mathbb{R}^2$ 上的正常闭凸函数定义为

$$h(x) = \begin{cases} \exp^{[-(\xi_1\xi_2)^{\frac{1}{2}}]}, & x = (\xi_1, \xi_2) \geqslant 0, \\ +\infty, & \text{其他}, \end{cases} \qquad A : (\xi_1, \xi_2) \to \xi_1,$$

则有

$$(Ah)(\xi_1) = \begin{cases} 0, & \xi_1 > 0, \\ 1, & \xi_1 = 0, \\ +\infty, & \xi_1 < 0. \end{cases}$$

这样 Ah 在 0 处不是下半连续的. 因此 $\mathrm{epi}(Ah)$ 不是闭的.

第二, 闭性准则与极值问题解的存在性有关. 例如, $(Ah)(y)$ 是 h 在仿射集 $\{x \mid Ax = y\}$ 上的下确界, 即

$$(Ah)(y) = \inf\{h(x) \mid Ax = y\}.$$

下确界可以取到当且仅当 F 是闭集且无 "向下" 的回收方向时, 垂线 $\{(y, \mu) \mid \mu \in \mathbb{R}\} \cap F$ 是闭半直线或空集. 这里我们再次用到 $\mathrm{epi}h$ 在 B 下的像 F 是闭的这一条件.

下面将根据回收锥的定理来推导在不同算子下保持闭性的条件, 本节定理 2.1 是所有结果的基础.

2.2 线 性 变 换

考虑一种情况: 闭凸集 C 在投影 A 下的像 AC 不是闭的, 例如例 2.2.

例子 2.2 当闭凸集 A 定义为如下形式:

$$C = \{(\xi_1, \xi_2) \mid \xi_1 > 0, \ \xi_2 \geqslant \xi_1^{-1}\}, \quad A : (\xi_1, \xi_2) \to \xi_1$$

时, C 在 A 下的像

$$AC = \{A(\xi_1, \xi_2) \mid \xi_1 > 0, \ \xi_2 \geqslant \xi_1^{-1}\}$$
$$= \{\xi_1 \mid \xi_1 > 0, \ \xi_2 \geqslant \xi_1^{-1}\}$$
$$= (0, +\infty)$$

不是闭集.

显然, 如果 C 是 $\mathbb{R}^2$ 中某个闭凸集, 且与每条平行于 ξ_2 轴的直线的交是有界的, 则 AC 是闭的, 例如例子 2.3.

例子 2.3 集合

$$C = \{(\xi_1, \xi_2) \mid \xi_1^2 + \xi_2^2 \leqslant 1\}$$

是闭凸集, $AC = [-1, 1]$ 是闭集.

定理 2.1 设 C 为 $\mathbb{R}^n$ 上的非空凸集, $A : \mathbb{R}^n \to \mathbb{R}^m$ 是线性变换. 假设下面条件成立:

(a) 对每个非零向量 $z \in 0^+(\mathrm{cl}C)$ 满足 $Az = 0$, z 都属于 $\mathrm{cl}C$ 的线性空间,

则

(i) $\mathrm{cl}(AC) = A(\mathrm{cl}C)$;

(ii) $0^+A(\mathrm{cl}C) = A(0^+(\mathrm{cl}C))$;

(iii) 特别地, 若 C 是闭的, 且 $z = 0$ 是 0^+C 中唯一满足 $Az = 0$ 的 z, 则 AC 是闭的.

证明 (i) 前面已经证明过 $\mathrm{cl}(AC) \supset A(\mathrm{cl}C)$, 这里只证 $\mathrm{cl}(AC) \subset A(\mathrm{cl}C)$. 对任意 $y \in \mathrm{cl}(AC)$, 来证存在 $x \in \mathrm{cl}C$, 使得 $y = Ax$. 令

$$L = (-0^+(\mathrm{cl}C)) \cap 0^+(\mathrm{cl}C) \cap \{z \mid Az = 0\}.$$

首先证明 $A(\mathrm{cl}C) = A(L^\perp \cap \mathrm{cl}C)$.

由 L 定义可知 L 是 $\mathbb{R}^n$ 的子空间. 由对 $0^+(\mathrm{cl}C)$ 的假设, 有

$$L = 0^+(\mathrm{cl}C) \cap \{z \mid Az = 0\}.$$

因为 $\mathrm{cl}C = (L^\perp \cap \mathrm{cl}C) + L$, 所以

$$\begin{aligned} A(\mathrm{cl}C) &= A(L^\perp \cap \mathrm{cl}C) + A(L) \\ &= A(L^\perp \cap \mathrm{cl}C). \end{aligned}$$

故 $L^\perp \cap \mathrm{cl}C$ 在 A 下的像与 $A(\mathrm{cl}C)$ 相同, 即

$$A(\mathrm{cl}C) = A(L^\perp \cap \mathrm{cl}C). \tag{2.1}$$

因为 $y \in \mathrm{cl}(AC)$, 所以 $y \in \mathrm{cl}(A(\mathrm{cl}C))$. 由闭包的定义, 有

$$y \in \mathrm{cl}(A(\mathrm{cl}C))$$
$$\Leftrightarrow y \in \bigcap_{\varepsilon > 0} (A(\mathrm{cl}C) + \varepsilon B)$$
$$\Leftrightarrow y \in A(\mathrm{cl}C) + \varepsilon B,\ \forall \varepsilon > 0$$
$$\Leftrightarrow 对任意的 \varepsilon > 0,\ 存在 x_\varepsilon \in \mathrm{cl}C,\ |z_\varepsilon| \leqslant 1, 使得 y = Ax_\varepsilon + \varepsilon z_\varepsilon$$
$$\Leftrightarrow 对任意的 \varepsilon > 0,\ 存在 x_\varepsilon \in \mathrm{cl}C,\ 使得 \|y - Ax_\varepsilon\| \leqslant \varepsilon$$
$$\Leftrightarrow 对任意的 \varepsilon > 0,\ 存在 x_\varepsilon \in L^\perp \cap \mathrm{cl}C,\ 使得 \|y - Ax_\varepsilon\| \leqslant \varepsilon.\ (由 (2.1))$$

换言之, 对任意 $\varepsilon > 0$,

$$C_\varepsilon = L^\perp \cap (\mathrm{cl}C) \cap D_\varepsilon \neq \varnothing,$$

其中, $D_\varepsilon = \{x \mid \|y - Ax\| \leqslant \varepsilon\}$. 由推论 1.4 可得

$$\begin{aligned} 0^+ C_\varepsilon &= 0^+ L^\perp \cap 0^+(\mathrm{cl}C) \cap 0^+ D_\varepsilon \\ &= L^\perp \cap 0^+(\mathrm{cl}C) \cap \{z \mid Az = 0\} \\ &= L^\perp \cap L = \{0\}.\ (由 L 的定义) \end{aligned}$$

由定理 1.4, 有 C_ε 是 $\mathbb{R}^n$ 中的有界闭凸集. 由于对任意 $\varepsilon > 0$, C_ε 是 $\mathbb{R}^n$ 的有界闭集, 且 $\bigcap\limits_{\varepsilon > 0} C_\varepsilon \neq \varnothing$. 则对任意 $x \in \bigcap\limits_{\varepsilon > 0} C_\varepsilon$, 有

$$x \in L^\perp \cap \mathrm{cl}C \subset \mathrm{cl}C.$$

再由 ε 的任意性, 有 $y - Ax = 0$, 即得到 $y \in A(\mathrm{cl}C)$, 从而有 $\mathrm{cl}(AC) \subset A(\mathrm{cl}C)$.

(ii) 现证若 C 是闭集, 则有 $A(0^+C) = 0^+(AC)$.

考虑凸锥

$$K = \{(\lambda, x) \mid \lambda > 0,\ x \in \lambda C\} \in \mathbb{R}^{n+1},$$

及线性变换

$$B : (\lambda, x) \to (\lambda, Ax).$$

假设 C 是闭集, 则由定理 1.2 有

$$\mathrm{cl}K = K \cup \{(0, z) \mid z \in 0^+C\}.$$

又 $\mathrm{cl}K$ 为闭凸锥, 故 $0^+(\mathrm{cl}K) = \mathrm{cl}K$. 对每个非零 $(\lambda, z) \in 0^+(\mathrm{cl}K)$, $B(\lambda, z) = (\lambda, Az) = (0, 0)$, 即 $\lambda = 0$, $Az = 0$, 有

$$(\lambda, z) \in (-0^+(\mathrm{cl}K)) \cap 0^+(\mathrm{cl}K).$$

把 (i) 中已证明的结论应用到 B, K 上, 可得

$$\mathrm{cl}(BK) = B(\mathrm{cl}K),$$

其中

$$B(\mathrm{cl}K) = B(\{(\lambda, x) \mid \lambda > 0, x \in \lambda C\} \cup \{(0, z) \mid z \in 0^+C\})$$
$$= \{(\lambda, Ax) \mid \lambda > 0, x \in \lambda C\} \cup \{(0, Az) \mid z \in 0^+C\},$$

及

$$BK = \{(\lambda, Ax) \mid \lambda > 0,\ x \in \lambda C\}$$
$$= \{(\lambda, y) \mid \lambda > 0,\ y \in \lambda AC\}.$$

因为 C 是闭的, 所以

$$AC = A(\mathrm{cl}C) = \mathrm{cl}(AC).$$

故 AC 是闭的. 由定理 1.2 有

$$\mathrm{cl}(BK) = \mathrm{cl}\{(\lambda, y) \mid \lambda > 0,\ y \in BK\}$$
$$= \{(\lambda, y) \mid \lambda > 0,\ y \in \lambda AC\} \cup \{(0, y) \mid y \in 0^+(AC)\}.$$

由 $\mathrm{cl}(BK) = B(\mathrm{cl}K)$ 可知

$$\{Az \mid z \in 0^+C\} = 0^+(AC).$$

(iii) C 是闭的, $z = 0$ 是 0^+C 中唯一满足 $Az = 0$ 的 z, 则有 z 属于 C 的线性空间. 所以

$$AC = A(\mathrm{cl}C) = \mathrm{cl}(AC),$$

即 AC 是闭的.　　　　　　　　　　　　　　　　　　　　　　　　□

应当注意的是, 即使 C, AC 都是闭的, $0^+(AC)$ 和 $A(0^+C)$ 也可能不相同. 举例如下.

例子 2.4　考虑如下凸集及线性变换

$$C = \{(\xi_1, \xi_2) \mid \xi_2 \geqslant \xi_1^2\}, \quad A : (\xi_1, \xi_2) \to \xi_1,$$

则

$$AC = \{\xi_1 \mid \xi_2 \geqslant \xi_2^2\} = (-\infty, +\infty) = \mathbb{R},$$

$$0^+(AC) = \mathbb{R}, \quad 0^+C = \{(\xi_1, \xi_2) \mid \xi_1 = 0,\ \xi_2 \geqslant 0\}.$$

而

$$A(0^+C) = \{\xi_1 \mid \xi_1 \geqslant 0\} = \{0\}.$$

所以 $0^+(AC) \neq A(0^+C)$. 定理 2.1 中条件 (a) 不成立: 因为 $z = (\xi_1, \xi_2) \in 0^+C$, $Az = 0$(即 $z = (0, \xi_2)$, $\xi_2 \geqslant 0$) 不能推出 $z \in (-0^+C) \cap 0^+C = \{(0, 0)\}$.

推论 2.1 设 $C_1, C_2, \cdots, C_m$ 是 $\mathbb{R}^n$ 中的非空凸集, 满足如下条件:

$$z_i \in 0^+(\mathrm{cl}C_i), \quad i = 1, 2, \cdots, m,$$

且

$$z_1 + z_2 + \cdots + z_m = 0$$

时, 有 z_i 属于 $\mathrm{cl}C_i$ 的线性空间. 则

$$\mathrm{cl}(C_1 + \cdots + C_m) = \mathrm{cl}C_1 + \cdots + \mathrm{cl}C_m,$$
$$0^+(\mathrm{cl}(C_1 + \cdots + C_m)) = 0^+(\mathrm{cl}C_1) + \cdots + 0^+(\mathrm{cl}C_m).$$

特别地, 若 $C_1, C_2, \cdots, C_m$ 都是闭的, 则 $C_1 + \cdots + C_m$ 是闭的.

证明 令

$$C = C_1 \oplus \cdots \oplus C_m \in \mathbb{R}^{mn},$$

同时

$$A : (x_1, \cdots, x_m) \to x_1 + \cdots + x_m, \quad x_i \in \mathbb{R}^n, \ i = 1, \cdots, m$$

是线性变换, 则

$$AC = C_1 + \cdots + C_m.$$

由 [6, 推论 6.7], 有

$$\mathrm{cl}C = \mathrm{cl}(C_1 \oplus \cdots \oplus C_m) = \mathrm{cl}C_1 \oplus \cdots \oplus \mathrm{cl}C_m.$$

由定理 2.1, 有

$$A(\mathrm{cl}C) = \mathrm{cl}C_1 + \cdots + \mathrm{cl}C_m = \mathrm{cl}(AC) = \mathrm{cl}(C_1 + \cdots + C_m).$$

下面验证满足定理 2.1 的条件 (a).

向量 $z_i \in 0^+(\mathrm{cl}C_i)$, $i = 1, 2, \cdots, m$, 所以

$$z = z_1 \oplus \cdots \oplus z_m \in 0^+(\mathrm{cl}C_1) \oplus \cdots \oplus 0^+(\mathrm{cl}C_m).$$

下面需证

$$0^+(\mathrm{cl}C_1) \oplus \cdots \oplus 0^+(\mathrm{cl}C_m) = 0^+(\mathrm{cl}C_1 \oplus \cdots \oplus \mathrm{cl}C_m).$$

即需证

$$0^+(\mathrm{cl}C_1) \oplus \cdots \oplus 0^+(\mathrm{cl}C_m) = 0^+(\mathrm{cl}C). \tag{2.2}$$

注意到

$$
\begin{aligned}
0^+(\mathrm{cl}C) &= \{y \mid x + \lambda y \in \mathrm{cl}C, \ \forall x \in \mathrm{cl}C, \ \lambda \geqslant 0\} \\
&= \{y \mid (x_1 + \lambda y_1, \cdots, x_m + \lambda y_m) \in \mathrm{cl}C, \\
&\qquad \forall x = (x_1, \cdots, x_m) \in \mathrm{cl}C, \quad y = (y_1, \cdots, y_m), \ \lambda \geqslant 0\} \\
&= \{y \mid x_i + \lambda y_i \in \mathrm{cl}C_i, \ i = 1, 2, \cdots, m, \ \lambda \geqslant 0\} \\
&= 0^+(\mathrm{cl}C_1) \oplus \cdots \oplus 0^+(\mathrm{cl}C_m).
\end{aligned}
$$

因此 (2.2) 成立. 由假设条件可知

$$Az = A(z_1 \oplus \cdots \oplus z_m) = z_1 + \cdots + z_m = 0.$$

要证有

$$z = z_1 \oplus \cdots \oplus z_m \in (-0^+\mathrm{cl}C) \cap 0^+\mathrm{cl}C$$

成立. 而

$$
\begin{aligned}
&(-0^+\mathrm{cl}C) \cap 0^+\mathrm{cl}C \\
&= (-0^+(\mathrm{cl}C_1 + \cdots + \mathrm{cl}C_m)) \cap 0^+(\mathrm{cl}C_1 + \cdots + \mathrm{cl}C_m) \\
&= ((-0^+\mathrm{cl}C_1) \oplus \cdots \oplus (-0^+\mathrm{cl}C_m)) \cap (0^+\mathrm{cl}C_1 \oplus \cdots \oplus 0^+\mathrm{cl}C_m).
\end{aligned}
$$

由已知条件有

$$z = z_1 \oplus \cdots \oplus z_m \in ((-0^+\mathrm{cl}C_1) \cap 0^+\mathrm{cl}C_1) \oplus \cdots \oplus ((-0^+\mathrm{cl}C_m) \cap 0^+\mathrm{cl}C_m).$$

则需要证明

$$((-0^+\mathrm{cl}C_1) \oplus \cdots \oplus (-0^+\mathrm{cl}C_m)) \cap (0^+\mathrm{cl}C_1 \oplus \cdots \oplus 0^+\mathrm{cl}C_m)$$
$$= ((-0^+\mathrm{cl}C_1) \cap 0^+\mathrm{cl}C_1) \oplus \cdots \oplus ((-0^+\mathrm{cl}C_m) \cap 0^+\mathrm{cl}C_m).$$

下证对任意集合 A, B, C, D, 有

$$(A \cap B) \oplus (C \cap D) = (A \oplus C) \cap (B \oplus D).$$

注意到

$$\begin{aligned}
(A \cap B) \oplus (A \cap B) &= \{(x,y) \mid x \in A \cap B, \ y \in C \cap D\} \\
&= \{(x,y) \mid x \in A, \ x \in B, \ y \in C, \ y \in D\} \\
&= \{(x,y) \mid x \in A, \ y \in C\} \cap \{(x,y) \mid x \in B, \ y \in D\} \\
&= (A \oplus C) \cap (B \oplus D).
\end{aligned}$$

故有 $z \in (-0^+\mathrm{cl}C) \cap (0^+\mathrm{cl}C)$. 定理 2.1 中的条件满足.

再次由定理 2.1, 有

$$\begin{aligned}
A(0^+(\mathrm{cl}C)) &= A(0^+(\mathrm{cl}C_1) \oplus \cdots \oplus 0^+(\mathrm{cl}C_m)) \\
&= 0^+(\mathrm{cl}C_1) + \cdots + 0^+(\mathrm{cl}C_m) \\
&= 0^+(A(\mathrm{cl}C)) \\
&= 0^+(\mathrm{cl}C_1 + \cdots + \mathrm{cl}C_m) \\
&= 0^+(\mathrm{cl}(C_1 + \cdots + C_m)).
\end{aligned}$$

所以有

$$0^+(\mathrm{cl}(C_1 + \cdots + C_m)) = 0^+(\mathrm{cl}C_1) + \cdots + 0^+(\mathrm{cl}C_m).$$

若 $C_1, C_2, \cdots, C_m$ 都是闭的, 所以

$$\mathrm{cl}(C_1 + \cdots + C_m) = \mathrm{cl}C_1 + \cdots + \mathrm{cl}C_m = C_1 + \cdots + C_m,$$

即 $C_1 + \cdots + C_m$ 是闭的.   □

推论 2.2 设 C_1, C_2 是 $\mathbb{R}^n$ 中的非空闭凸集, 假设对任意 $y \in 0^+C_1$, $-y \notin 0^+C_2$, 则 $C_1 + C_2$ 是闭的, 且

$$0^+(C_1 + C_2) = 0^+C_1 + 0^+C_2.$$

证明 推论 2.1 中, 取 $m = 2$ 即可.   □

推论 2.3 设 $K_1, \cdots, K_m$ 是 $\mathbb{R}^n$ 中的非空凸锥, 满足条件:

(a′) 当

$$z_i \in \mathrm{cl}K_i, \quad z_1 + \cdots + z_m = 0$$

时, 有 $z_i \in \mathrm{cl}K_i$ 的线性空间.
则

$$\mathrm{cl}(K_1 + \cdots + K_m) = \mathrm{cl}K_1 + \cdots + \mathrm{cl}K_m.$$

证明 推论 2.1 中, 取 $C_i = K_i$ 即可.   □

定理 2.2 设 h 是 $\mathbb{R}^n$ 上的正常闭凸函数, $A : \mathbb{R}^n \to \mathbb{R}^m$ 是线性变换. 假设条件 (b) 成立,

(b) 对满足 $(h0^+)(z) \leqslant 0$, 且 $(h0^+)(-z) > 0$ 的 z, 假设 $Az \neq 0$,

则 Ah 是正常闭凸函数, 其中

$$(Ah)(y) = \inf\{h(x) \mid Ax = y\},$$

且 $(Ah)0^+ = A(h0^+)$. 另外, 对任意 $y \in \{y \mid (Ah)(y) \neq +\infty\}$, $(Ah)(y)$ 的下确界可以取到.

证明 考虑非空闭凸集 epi$h$ 及线性变换

$$B : (x, \mu) \to (Ax, \mu).$$

由于

$$\text{epi}(h0^+) = 0^+(\text{epi}h),$$

epi$h$ 的线性空间为

$$\{(z, \mu) \mid (h0^+)(z) \leqslant \mu, \ (h0^+)(-z) \leqslant -\mu\}.$$

(因为 epi$h$ 的线性空间为 $(-0^+(\text{epi}h)) \cap 0^+(\text{epi}h)$, 而

$$0^+(\text{epi}h) = \text{epi}(h0^+) = \{(z, \mu) \mid (h0^+)(z) \leqslant \mu\},$$
$$-0^+(\text{epi}h) = -\text{epi}(h0^+)$$
$$= \{(-z, -\mu) \mid (h0^+)(z) \leqslant \mu\}$$
$$= \{(z, \mu) \mid (h0^+)(-z) \leqslant -\mu\},$$

故有 epi$h$ 的线性空间的如上表达式.)

对 epi$h$ 与 B, 由定理 2.1 可得

$$B(\text{epi}h) = B(\text{cl}(\text{epi}h)) = \text{cl}(B(\text{epi}h)),$$

所以 $B(\text{epi}h)$ 为非空闭凸集, 其回收锥 $0^+B(\text{epi}h)$ 也是闭的. 由定理 2.1 得

$$0^+B(\text{epi}(h)) = B(0^+\text{epi}(h)) = B(\text{epi}(h0^+)).$$

(满足定理 2.1 条件: 对任意 $(z, \mu) \in 0^+\text{epi}(h)$ 且满足 $B(z, \mu) = (Az, \mu) = 0$ 的 (z, μ), 则有 $Az = 0$, $\mu = 0$, 故有 $(h0^+)(z) \leqslant 0$. 若 $(h0^+)(-z) > 0$, 由已知条件有 $Az \neq 0$ 与 $Az = 0$ 矛盾. 因此只能有 $(h0^+)(-z) \leqslant 0$. 故 (z, μ) 属于 epi$h$ 的线性空间).

因为 $B(\text{epi}h)$, $B(\text{epi}(h0^+))$ 是闭的, 所以

$$B(\text{epi}h) = \text{epi}(Ah), \quad B(\text{epi}(h0^+)) = \text{epi}(A(h0^+)).$$

另外, $0^+(B(\mathrm{epi}h)) = 0^+(\mathrm{epi}(Ah)) = \mathrm{epi}((Ah)0^+)$, 且由定理 2.1 有

$$0^+(B(\mathrm{epi}h)) = B(0^+(\mathrm{epi}h)) = B(\mathrm{epi}(h0^+)) = \mathrm{epi}(A(h0^+)).$$

所以 $\mathrm{epi}((Ah)0^+) = \mathrm{epi}(A(h0^+))$, 从而 $(Ah)0^+ = A(h0^+)$.

若 $\mathrm{epi}(Ah)$ 中不包含垂线, 则下确界可以取到. 反证法. 如果 $\mathrm{epi}(Ah)$ 中有垂线, 即存在 $\mu < 0$, $(0,\mu) \in 0^+(\mathrm{epi}(Ah))$, 即 $(0,\mu) \in B(\mathrm{epi}(h0^+))$, 则存在 $(z,\mu) \in \mathrm{epi}(h0^+)$ 使得 $Az = 0$ 且 $\mu < 0$, 对于这样的 z, 有 $(h0^+)(z) \leqslant \mu < 0$. 由定理 1.5 可知 $h0^+$ 正齐次, 由 [6, 推论 4.3], 有

$$(h0^+)(-z) \geqslant -(h0^+)(z) \geqslant -\mu > 0,$$

这与假设矛盾. 所以 $\mathrm{epi}(Ah)$ 中无垂线, 下确界可以取到. □

若 h 无回收方向, 则定理 2.2 中关于 $h0^+$ 的假设仍成立.

证明　h 无回收方向, 即 $\{y \mid (h0^+)(y) \leqslant 0\} = \{0\}$, 则满足 $Az = 0$, $\mu = 0$, $(h0^+)(z) \leqslant 0$ 的 z 只能为 0, 可以推出 $(0,0)$ 属于 $\mathrm{epi}h$ 的线性空间, 所以定理 2.2 中假设成立. □

若 $\mathrm{dom}h$ 有界, 定理 2.2 中的假设也成立.

证明　因为 $\mathrm{dom}h = \{x \mid h(x) < +\infty\}$ 有界, 所以

$$0^+(\mathrm{dom}h) = \{y \mid x + \lambda y \in \mathrm{dom}h, \ \forall \lambda > 0, \ x \in \mathrm{dom}h\} = \{0\},$$

则存在 x, 对某个实数 α, 有 $h(x + \lambda y) < \alpha$. 由推论 1.9 有

$$(h0^+)(y) \leqslant 0 \quad \text{且} \quad (h0^+)(-y) \leqslant 0,$$

则不存在 $(h0^+)(z) \leqslant 0$ 且 $(h0^+)(-z) > 0$ 的 z, 所以定理 2.2 中假设成立. (注意: $(h0^+)(y)$ 的有效域只有 0 这个点. 原因在于

$$0^+(\mathrm{epi}h)$$
$$= \{(a,b) \mid (x,\mu) + \lambda(a,b) \in \mathrm{epi}h, \ \forall \lambda > 0, \ \forall (x,\mu) \in \mathrm{epi}h\}$$
$$= \{(a,b) \mid (x + \lambda a, \mu + \lambda b) \in \mathrm{epi}h, \ \forall \lambda > 0, \ \forall x \in \mathrm{dom}h, \ \mu \geqslant h(x)\}.$$

所以 $x + \lambda a \in \mathrm{dom}h \Rightarrow a = 0$.) □

定理 2.2 的条件在本章开始给出的例子 2.1 中并不满足. 注意到

$$h(x) = \begin{cases} \exp\{-(\xi_1\xi_2)^{\frac{1}{2}}\}, & x = (\xi_1, \xi_2) \geqslant 0, \\ +\infty, & \text{其他}, \end{cases} \quad A: (\xi_1, \xi_2) \to \xi_1.$$

由定理 1.5 有

$$(h0^+)(z) = \sup\{h(x+z) - h(x) \mid x \in \mathrm{dom}h\},$$

当 $x + z > x \geqslant 0$ 时, $(h0^+)(z) \leqslant 0$, 此时 $z > 0$, $(h0^+)(-z) > 0$, 但 Az 不一定非零.

推论 2.4 设 $f_1, \cdots, f_m$ 是 $\mathbb{R}^n$ 上的正常闭凸函数, 假设所有满足 $(f_10^+)(z_1) + \cdots + (f_m0^+)(z_m) \leqslant 0$ 的 $z_1, \cdots, z_m$ 满足

$$(f_10^+)(-z_1) + \cdots + (f_m0^+)(-z_m) > 0, \quad z_1 + \cdots + z_m \neq 0,$$

则下卷积 $f_1\square\cdots\square f_m$ 是 $\mathbb{R}^n$ 上的正常闭凸函数, 且对每个 x, $(f_1\square\cdots\square f_m)(x)$ 都可以取到下确界. 此外,

$$(f_1\square\cdots\square f_m)0^+ = f_10^+\square\cdots\square f_m0^+.$$

证明 令 $A: x = (x_1, \cdots, x_m) \to x_1 + \cdots + x_m$ $(x_i \in \mathbb{R}^n)$ 是从 $\mathbb{R}^{mn}$ 到 $\mathbb{R}^n$ 的线性变换, 令

$$h(x) = f_1(x_1) + \cdots + f_m(x_m), \quad x_i \in \mathbb{R}^n,$$

则 $h(x)$ 是正常闭凸函数.

$$\begin{aligned}
(h0^+)(z) &= \lim_{\lambda \to \infty} \frac{h(x + \lambda z) - h(x)}{\lambda} \\
&= \lim_{\lambda \to \infty} \frac{h(x_1 + \lambda z_1, \cdots, x_m + \lambda z_m) - h(x_1, \cdots, x_m)}{\lambda} \\
&= \lim_{\lambda \to \infty} \left[\frac{f_1(x_1 + \lambda z_1) - f_1(x_1)}{\lambda} + \cdots + \frac{f_m(x_m + \lambda z_m) - f_m(x_m)}{\lambda} \right] \\
&= (f_10^+)(z_1) + \cdots + (f_m0^+)(z_m) \leqslant 0.
\end{aligned}$$

同理, 有 $(h0^+)(z) > 0$. 由假设可得, $Az \neq 0$. 对 h, A 应用定理 2.2 可得 $(Ah)0^+ = A(h0^+)$.

$$
\begin{aligned}
(Ah)(y) &= \inf\{f_1(x_1) + \cdots + f_m(x_m) \mid y = x_1 + \cdots + x_m\} \\
&= \inf\{h(x) \mid Ax = y\} \\
&= f_1 \square \cdots \square f_m
\end{aligned}
$$

是正常闭凸函数, 且对每个 x, $(f_1 \square \cdots \square f_m)(x)$ 都可以取到下确界.

$$
\begin{aligned}
(A(h0^+))(y) &= \inf\{h0^+(x) \mid y = x_1 + \cdots + x_m\} \\
&= \inf\{(f_1 0^+)(x_1) + \cdots + (f_m 0^+)(x_m) \mid y = x_1 + \cdots + x_m\} \\
&= (f_1 0^+) \square \cdots \square (f_m 0^+).
\end{aligned}
$$

因为 $(Ah)0^+ = (f_1 \square \cdots \square f_m)0^+$, 所以

$$
(f_1 \square \cdots \square f_m)0^+ = (f_1 0^+) \square \cdots \square (f_m 0^+). \qquad \square
$$

推论 2.5　设 f_1, f_2 是 $\mathbb{R}^n$ 上的正常闭凸函数, 满足 $(f_1 0^+)(z) + (f_2 0^+)(-z) > 0$, 对任意的 $z \neq 0$, 则 $f_1 \square f_2$ 是正常闭凸函数, 且对任意 x, 存在 y, 使得下面的下确界可以取到:

$$
(f_1 \square f_2)x = \inf_y \{f_1(x - y) + f_2(y)\}.
$$

证明　使用推论 2.4, 取 $m = 2$, 只需要满足下列条件即可,

$$
(f_1 0^+)(z_1) + (f_2 0^+)(z_2) \leqslant 0,
$$

$$
(f_1 0^+)(-z_1) + (f_2 0^+)(-z_2) > 0.
$$

且对任意的 $z_1, z_2 \neq 0$, 当

$$
(f_1 0^+)(z_1) + (f_2 0^+)(-z_1) > 0,
$$

$$
(f_1 0^+)(z_2) + (f_2 0^+)(-z_2) > 0
$$

时, 有 $z_1 + z_2 \neq 0$. 反证: 若 $z_1 + z_2 = 0$, 分为两种情况.

(1) $z_1 = z_2 = 0$, 则有

$$(f_1 0^+)(0) + (f_2 0^+)(0) \leqslant 0,$$

$$(f_1 0^+)(0) + (f_2 0^+)(0) > 0.$$

矛盾!

(2) 若 $z_1 \neq 0$, 则 $z_1 = -z_2$, 有

$$(f_1 0^+)(z_1) + (f_2 0^+)(-z_1) > 0,$$

$$(f_1 0^+)(z_1) + (f_2 0^+)(-z_1) \leqslant 0.$$

矛盾!

所以满足推论 2.4 中的条件, 结论成立. □

例子 2.5 任取正常闭凸函数 $f = f_2$, $f_1 = \delta(\cdot \mid -C)$, C 是一个非空闭凸集, 则

$$(f_1 \square f_2)(x) = \inf\{\delta(x - y \mid -C) + f(y) \mid y \in \mathbb{R}^n\}$$
$$= \inf\{f(y) \mid y \in (C + x)\}.$$

若 f, C 无共同的回收方向, 就满足推论中的回收条件. 在这一情况下, 对任意 x, 推论中的结论在 $C + x$ 上可以取到下确界, 且是一个关于 x 的下半连续函数.

证明 对任意 $y \neq 0$, 若

$$x + \lambda(-y) \in C, \quad \forall \lambda \geqslant 0, \ x \in C,$$

则 $-y$ 是 C 的回收方向, 有 y 是 $-C$ 的回收方向. 因为

$$f_1 = \delta(\cdot \mid -C), \quad \mathrm{epi}(f_1 0^+) = 0^+ \mathrm{epi}(f_1),$$

所以 $(f_1 0^+)(y) = 0$. 因为 $f = f_2$ 与 C 无共同的回收方向, 所以有 $(f_2 0^+)(-y) > 0$. 故

$$(f_1 0^+)(y) + (f_2 0^+)(-y) > 0$$

满足推论 2.5 中的条件.　　　　　　　　　　　　　　　　　　□

例子 2.6　取 C 为 $\mathbb{R}^n$ 的非负象限, 有对任意的 x, $C+x = \{y \mid y \geqslant x\}$. 若 f 是 $\mathbb{R}^n$ 上的正常闭凸函数, 其回收锥包含非负非零向量. 那么, 对任意 x, $g(x) = \inf\{f(y) \mid y \geqslant x\}$ 可以取到下确界, 且 g 是 $\mathbb{R}^n$ 上的正常闭凸函数. 注意到 g 是满足 $g \leqslant f$ 的最大函数, 且 $g(\xi_1, \cdots, \xi_n)$ 关于 ξ_j $(j = 1, 2, \cdots, n)$ 不减.

2.3　凸函数的和

下面是凸集、凸函数在其他算子下的闭包性质.

定理 2.3　设 $f_1, \cdots, f_m$ 是 $\mathbb{R}^n$ 上的正常凸函数,

(i) 若 f_i 是闭的, 且 $f_1 + \cdots + f_m \not\equiv +\infty$, 则 $f_1 + \cdots + f_m$ 是正常闭凸函数, 且 $(f_1 + \cdots + f_m)0^+ = f_1 0^+ + \cdots + f_m 0^+$.

(ii) 若 f_i 不全是闭的, 但存在 $\bigcap_i \mathrm{ri}(\mathrm{dom} f_i)$ 中的一个点, 则 $\mathrm{cl}(f_1 + \cdots + f_m) = \mathrm{cl} f_1 + \cdots + \mathrm{cl} f_m$.

证明　(i) 令 $f = f_1 + \cdots + f_m$, 因为 $f_1, \cdots, f_m$ 正常凸且 $f_1 + \cdots + f_m \not\equiv +\infty$, 所以 $f_1 + \cdots + f_m$ 正常凸. 设 $x \in \mathrm{ri}(\mathrm{dom} f) = \mathrm{ri}\left(\bigcap_{i=1}^m \mathrm{dom} f_i\right)$, 对任意 y, 由 [6, 定理 7.4], 有

$$(\mathrm{cl} f)(y) = \lim_{\lambda \uparrow 1} f((1-\lambda)x + \lambda y)$$
$$= \lim_{\lambda \uparrow 1}(f_1((1-\lambda)x + \lambda y) + \cdots + f_m((1-\lambda)x + \lambda y))$$
$$= \lim_{\lambda \uparrow 1} \sum_{i=1}^m f_i((1-\lambda)x + \lambda y)$$
$$= \sum_{i=1}^m \lim_{\lambda \uparrow 1} f_i((1-\lambda)x + \lambda y).$$

若 f_i 是闭的, 则上式右端等于

$$\sum_{i=1}^{m} f_i((1-\lambda)x + \lambda y) = f(y),$$

所以 $f_1 + \cdots + f_m$ 闭.

$$
\begin{aligned}
(f0^+)(y) &= \lim_{\lambda \to \infty} \frac{f(x + \lambda y) - f(x)}{\lambda} \\
&= \lim_{\lambda \to \infty} \frac{f_1(x + \lambda y) + \cdots + f_m(x + \lambda y) - f_1(x) - \cdots - f_m(x)}{\lambda} \\
&= \lim_{\lambda \to \infty} \frac{[f_1(x + \lambda y) - f_1(x)] + \cdots + [f_m(x + \lambda y) - f_m(x)]}{\lambda} \\
&= \lim_{\lambda \to \infty} \frac{f_1(x + \lambda y) - f_1(x)}{\lambda} + \cdots + \lim_{\lambda \to \infty} \frac{f_m(x + \lambda y) - f_m(x)}{\lambda} \\
&= f_1 0^+ + \cdots + f_m 0^+.
\end{aligned}
$$

(ii) 若存在 $\bigcap\limits_{i} \mathrm{ri}(\mathrm{dom} f_i)$ 中的一个点, 即 $\mathrm{ri}(\mathrm{dom} f_i)$ 有一个公共点 x, 则由 [6, 定理 6.5], 有

$$\bigcap_{i} \mathrm{ri}(\mathrm{dom} f_i) = \mathrm{ri}(\bigcap_{i} \mathrm{dom} f_i) = \mathrm{ri}(\mathrm{dom} f),$$

$$(\mathrm{cl} f)(y) = \sum_{i=1}^{m} \lim_{\lambda \uparrow 1} f((1-\lambda)x + \lambda y) = \sum_{i=1}^{m} (\mathrm{cl} f_i)(y),$$

即 $\mathrm{cl}(f_1 + \cdots + f_m) = \mathrm{cl} f_1 + \cdots + \mathrm{cl} f_m$. $\square$

定理 2.4　设 f_i 是 $\mathbb{R}^n$ 上的正常凸函数, $i \in I$. 令 $f = \sup\{f_i \mid i \in I\}$.

(i) 若 f 在某处有限, f_i 是闭的, 则 f 是正常闭函数, 且

$$f0^+ = \sup\{f_i 0^+ \mid i \in I\}.$$

(ii) 若 f_i 不全是闭的, 但存在 $\overline{x} \in \bigcap\limits_{i \in I} \mathrm{ri}(\mathrm{dom} f_i)$, 使得 $f(\overline{x})$ 有限, 则

$$\mathrm{cl} f = \sup\{\mathrm{cl} f_i \mid i \in I\}.$$

证明　(i) $\mathrm{epi} f = \bigcap_{i\in I}(\mathrm{epi} f_i)$, f_i 是正常闭凸函数, 则 $\mathrm{epi} f_i$ 是闭的, 所以 $\mathrm{epi} f$ 是闭的, 因此 f 是闭的. 又因为 f 在某处有限且 f_i 正常, 所以 f 是正常函数. 由推论 1.4 可得

$$0^+\left(\bigcap_{i\in I}(\mathrm{epi} f_i)\right) = \bigcap_{i\in I}(0^+(\mathrm{epi} f_i)).$$

进而有 $0^+(\mathrm{epi} f) = \mathrm{epi}(f0^+)$. 所以

$$f0^+ = \sup\{f_i 0^+ \mid i \in I\}.$$

(ii) 因为 $\bigcap_{i\in I}(\mathrm{epi} f_i) \neq \varnothing$, 由 [6, 定理 6.5], 有

$$\mathrm{cl}\left(\bigcap_{i\in I}(\mathrm{epi} f_i)\right) = \bigcap_{i\in I}(\mathrm{cl}(\mathrm{epi} f_i)).$$

而

$$\mathrm{cl}\left(\bigcap_{i\in I}(\mathrm{epi} f_i)\right) = \mathrm{cl}(\mathrm{epi} f) = \mathrm{epi}(\mathrm{cl} f)$$

以及

$$\bigcap_{i\in I}(\mathrm{cl}(\mathrm{epi} f_i)) = \bigcap_{i\in I}(\mathrm{epi}(\mathrm{cl} f_i)),$$

所以

$$\mathrm{epi}(\mathrm{cl} f) = \bigcap_{i\in I}(\mathrm{epi}(\mathrm{cl} f_i)).$$

则 $\mathrm{cl} f = \sup\{\mathrm{cl} f_i \mid i \in I\}$.　□

定理 2.5　设 $A : \mathbb{R}^n \to \mathbb{R}^m$ 是线性变换, g 是 $\mathbb{R}^m$ 上的正常凸函数, $gA \not\equiv +\infty$.

(i) 若 g 是闭的, 则 gA 是闭的, 且 $(gA)0^+ = (g0^+)A$;

(ii) 若 g 不是闭的, 但存在 x 使得 $Ax \in \mathrm{ri}(\mathrm{dom} g)$, 则 $\mathrm{cl}(gA) = (\mathrm{cl} g)A$.

证明 (i) 由 [6, 定理 5.7], 有 $(gA)(x) = g(Ax)$, gA 是正常凸函数.

$$B^{-1}(\mathrm{epi}g) = \{(x, \mu) \mid B(x, \mu) \in \mathrm{epi}g\}$$
$$= \{(x, \mu) \mid (Ax, \mu) \in \mathrm{epi}g\}$$
$$= \mathrm{epi}(gA).$$

即 $\mathrm{epi}(gA)$ 是 $\mathrm{epi}g$ 在映射 $B : (x, \mu) \to (Ax, \mu)$ 下的原像. 因此, 若 g 是闭的, $\mathrm{epi}g$ 闭, 则 $\mathrm{epi}gA$ 是闭的, 故有 gA 闭. 因为 $B^{-1}(\mathrm{epi}g) = \mathrm{epi}(gA) \neq \varnothing$, 则由推论 1.5, 有

$$0^+(B^{-1}(\mathrm{epi}g)) = B^{-1}(0^+(\mathrm{epi}g)).$$

而

$$0^+(B^{-1}(\mathrm{epi}g)) = 0^+(\mathrm{epi}(gA)) = \mathrm{epi}((gA)0^+),$$
$$B^{-1}(0^+(\mathrm{epi}g)) = B^{-1}(\mathrm{epi}(g0^+)) = \mathrm{epi}((g0^+)A),$$

因此有

$$\mathrm{epi}((gA)0^+) = \mathrm{epi}((g0^+)A).$$

即 $(gA)0^+ = (g0^+)A$.

(ii) 因为存在 x 使得 $Ax \in \mathrm{ri}(\mathrm{dom}g)$, 由 [6, 引理 7.1] 可得

$$\mathrm{ri}(\mathrm{epi}g) = \{(x, \mu) \mid x \in \mathrm{ri}(\mathrm{dom}g), \ f(x) < \mu < \infty\}.$$

所以存在 x, 使得 $(Ax, \mu) \in \mathrm{ri}(\mathrm{epi}g)$, 即 $B(x, \mu) \in \mathrm{ri}(\mathrm{epi}g)$. $(x, \mu) \in B^{-1}(\mathrm{ri}(\mathrm{epi}g))$, 所以 $B^{-1}(\mathrm{ri}(\mathrm{epi}g)) \neq \varnothing$, 由 [6, 定理 6.7], 有

$$\mathrm{cl}(B^{-1}(\mathrm{epi}g)) = B^{-1}(\mathrm{cl}(\mathrm{epi}g)).$$

又

$$\mathrm{cl}(B^{-1}(\mathrm{epi}g)) = \mathrm{cl}(\mathrm{epi}(gA)) = \mathrm{epi}(\mathrm{cl}(gA)),$$
$$B^{-1}(\mathrm{cl}(\mathrm{epi}g)) = B^{-1}(\mathrm{epi}(\mathrm{cl}g)) = \mathrm{epi}((\mathrm{cl}g)A).$$

因此, $\mathrm{epi}(\mathrm{cl}(gA)) = \mathrm{epi}((\mathrm{cl}g)A)$, 即 $\mathrm{cl}(gA) = (\mathrm{cl}g)A$. $\qquad\square$

定理 2.6　设 C 是不包含原点的非空闭凸集, K 是由 C 生成的凸锥. 则

$$\mathrm{cl}K = K \cup 0^+C = \cup\{\lambda C \mid \lambda > 0 \text{ 或 } \lambda = 0^+\}.$$

证明　令 K' 为 $\{(1,x) \mid x \in C\}$ 生成的凸锥, 即

$$K' = \{\lambda(1,x) \mid x \in C, \lambda > 0\} \cup \{0\}.$$

由定理 1.2 有

$$\mathrm{cl}K' = \{(\lambda,x) \mid x \in \lambda C, \ \lambda \geqslant 0\} \cup \{(0,x) \mid x \in 0^+C\}.$$

在线性变换 $A: (\lambda,x) \to x$ 下, $\mathrm{cl}K'$ 的像 $A(\mathrm{cl}K') = K \cup 0^+C$. 因为 C 中不含远点, 故在 $\mathrm{cl}K'$ 中不存在非零 (λ,x) 使得 $A(\lambda,x) = x = 0$. 由定理 2.1, 有

$$A(\mathrm{cl}K') = \mathrm{cl}(AK') = \mathrm{cl}K.$$

所以

$$\mathrm{cl}K = K \cup 0^+C. \qquad\qquad\qquad \square$$

推论 2.6　若 C 是不包含原点的非空有界闭凸集, 则由 C 生成的凸锥 K 是闭的.

证明　因为 C 有界, 所以 $0^+C = \{0\}$. 根据定理 2.6, 有

$$\mathrm{cl}K = K \cup 0^+C = K \cup \{0\} = K. \qquad\qquad \square$$

定理 2.6 和推论 2.6 中 $0 \notin C$ 的条件是需要的. 例如:

例子 2.7　$C = \{(x,y) \mid x^2 + (y-1)^2 = 1, \ (x,y) \in \mathbb{R}^2\}$ 为闭球, 原点在它的边界上, 但是由 C 生成的凸锥 $K = \{(x,y) \mid x \in \mathbb{R}, \ y > 0\} \cup \{0\}$ 是开的, 如图 2.1 所示.

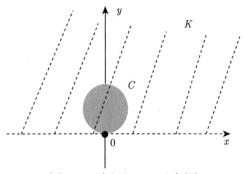

图 2.1 例子 2.7 示意图

推论 2.6 中有界性的假设是需要的, 例如:

例子 2.8 $C = \{(x,y) \mid y = x - 1, \ (x,y) \in \mathbb{R}^2\}$ 是一条不包含原点的直线, 则 C 是无界的, 但由 C 生成的凸锥 $K = \{(x,y) \mid y < x - 1\} \cup \{0\}$ 不是闭的, 如图 2.2 所示.

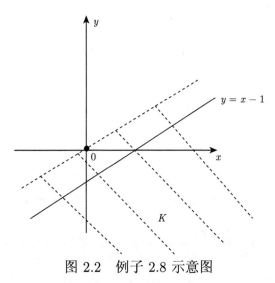

图 2.2 例子 2.8 示意图

定理 2.7 f 是 $\mathbb{R}^n$ 上的正常凸函数, $f(0) > 0$, k 是由 f 生成的正齐次函数, 则 k 是正常的, 且

$$(\mathrm{cl}k)(x) = \inf\{(f\lambda)(x \mid \lambda > 0 \ \text{或} \ \lambda = 0^+\},$$

下确界对任意 x 都可以取到. 若 $0 \in \mathrm{dom} f$, k 本身是闭的, 且 $\lambda = 0^+$ 可以去掉 (此时下确界可能取不到).

证明　由于 $(0, \mu) \in \mathrm{epi} f$, 故有 $u \geqslant f(0) > 0$, 即 $(0, 0) \neq \mathrm{epi} f$, 故 $\mathrm{epi} f$ 是不包含原点的非空闭凸集. k 是由 f 生成的正齐次函数. 由 $\mathrm{epi} f$ 生成的闭凸锥是 $\mathrm{cl}(\mathrm{epi} k)$. 由定理 2.6, 对任意 $\lambda \geqslant 0^+$, 有

$$\lambda(\mathrm{epi} f) = \mathrm{epi}(f\lambda),$$

$$\begin{aligned}
\mathrm{epi}(f\lambda) &= \{(x, \nu) \mid \nu \geqslant \lambda f(\lambda^{-1} x)\} \\
&= \{(\lambda y, \nu) \mid v \geqslant \lambda f(y)\} \\
&= \{\lambda(y, \omega) \mid \omega \geqslant f(y)\} \\
&= \lambda(\mathrm{epi} f).
\end{aligned}$$

要证 k 是正常的, 即证 $\mathrm{epi} k$ 不含垂线. $\mathrm{epi} k = \cup\{\lambda(\mathrm{epi} f) \mid \lambda \geqslant 0\}$, 因为 f 是正常的, 则 k 是正常的. 由定理 2.6, 有

$$\begin{aligned}
\mathrm{cl}(\mathrm{epi} k) &= \cup\{\lambda(\mathrm{epi} f) \mid \lambda > 0 或 \lambda = 0^+\} \\
&= \cup\{\mathrm{epi}(f\lambda) \mid \lambda > 0 或 \lambda = 0^+\} \\
&= \mathrm{epi}(\mathrm{cl} k),
\end{aligned}$$

所以

$$\mathrm{cl} k = \inf\{(f\lambda)(x \mid \lambda > 0 或 \lambda = 0^+\},$$

下确界对任意 x 都可以取到. 若 $0 \in \mathrm{dom} f$, 由定理 1.5 有

$$(f0^+)(x) = \lim_{\alpha \to \infty} \frac{f(\alpha x) - f(0)}{\alpha} = \lim_{\alpha \to \infty} \alpha^{-1} f(\alpha x) = \lim_{\lambda \to 0}(f\lambda)(x).$$

因为 $k(x) = \inf\{(f\lambda)(x) \mid \lambda \geqslant 0\}$, 所以有 $\mathrm{cl} k = k$, 即 k 是闭的. 而且它可以在 $(f\lambda)(x)$ $(\lambda > 0)$ 上取下确界, 即 $\lambda = 0^+$ 可以从下确界中去掉.　　　　　　　　　　　　　　　　　　　　　　　　　　　　　□

推论 2.7　设 C 是包含 0 的闭凸集, Gauge 函数 $\gamma(\cdot \mid C)$ 是闭的. 则对任意 $\lambda > 0$, 有

$$\{x \mid \gamma(x \mid C) \leqslant \lambda\} = \lambda C,$$

且

$$\{x \mid \gamma(x \mid C) = 0\} = 0^+C.$$

证明

$$\delta(x \mid C) = \begin{cases} 0, & x \in C, \\ +\infty, & x \notin C, \end{cases} \quad \gamma(x \mid C) = \inf\{\lambda \geqslant 0, \ x \in \lambda C\}, \quad C \neq \varnothing.$$

令 $f(x) = \delta(x \mid C) + 1$, 则 $f(0) > 0$. 由定理 2.7, 则 f 生成的正齐次函数为

$$\begin{aligned} k(x) &= \inf\{(f\lambda)(x) \mid \lambda \geqslant 0\} \\ &= \inf\{\delta(x \mid \lambda C) + \lambda \mid \lambda \geqslant 0\} \\ &= \inf\{\lambda \geqslant 0 \mid x \in \lambda C\} \\ &= \gamma(x \mid C), \quad 0 \in C. \end{aligned}$$

即 $k(x) = \gamma(x \mid C)$, 且 $k(x)$ 是闭的, 所以 $\gamma(x \mid C)$ 是闭的,

$$\gamma(x \mid C) = \inf\left(\{(f\lambda)(x) \mid \lambda > 0\} \cup \{(f\lambda)(x) \mid \lambda = 0^+\}\right).$$

所以对任意 $\lambda > 0$, 有

$$\{x \mid \gamma(x \mid C) \leqslant \lambda\} = \lambda C,$$

且

$$\{x \mid \gamma(x \mid C) = 0\} = 0^+C. \qquad \square$$

定理 2.8 设 $\mathbb{R}^n$ 上的非空闭凸集 $C_1, \cdots, C_m$ 满足条件: 若 $z_i \in 0^+C_i(i = 1, \cdots, m)$ 且 $z_1 + \cdots + z_m = 0$ 时, 有 z_i 属于 C_i 的线性空间. 令 $C = \mathrm{conv}(C_1 \cup \cdots \cup C_m)$, 则

(i) $\mathrm{cl}C = \cup\{\lambda_1 C_1 + \cdots + \lambda_m C_m \mid \lambda_i \geqslant 0^+, \lambda_1 + \cdots + \lambda_m = 1\}^{①}$;

---

① 符号 $\lambda_i \geqslant 0^+$ 的意思是当 $\lambda_i = 0$ 时, $\lambda_i C_i = 0^+C_i$ 而不是说 $\lambda_i C_i = 0$.

(ii) $0^+(\mathrm{cl}C) = 0^+C_1 + \cdots + 0^+C_m.$

证明 (i) 令 K_i 为 $\{(1, x_i) \mid x_i \in C_1\}$ 生成的闭凸锥, $i = 1, \cdots, m$, 即

$$K_i = \{(\lambda_i, x_i) \mid \lambda_i \geqslant 0, \ x_i \in \lambda_i C_i\}.$$

由定理 1.2 有

$$\mathrm{cl}K_i = \{(\lambda_i, x_i) \mid \lambda_i \geqslant 0, x_i \in \lambda_i C_i\} \cup \{(0, x) \mid x_i \in 0^+C_i\}$$
$$= \{(\lambda_i, x_i) \mid \lambda_i \geqslant 0^+, x_i \in \lambda_i C_i\}.$$

若 $z_i \in 0^+C_i$, $z_1 + \cdots + z_m = 0$, 有 z_i 属于 C_i 的线性空间. 则对 $(\lambda_i, z_i) \in \mathrm{cl}K_i$, 且 $(\lambda_1, z_1) + \cdots + (\lambda_m, z_m) = 0$, 有 z_i 属于 $\mathrm{cl}K_i$ 的线性空间. 由推论 2.3 可得

$$\mathrm{cl}(K_1 + \cdots + K_m) = \mathrm{cl}K_1 + \cdots + \mathrm{cl}K_m$$

及

$$\mathrm{cl}K_1 + \cdots + \mathrm{cl}K_m = \{(\lambda_1 + \cdots + \lambda_m, x_1 + \cdots + x_m) \mid \lambda_i \geqslant 0^+, x_i \in \lambda_i C_i\}.$$

令 $H_1 = \{(1, x) \mid x \in \mathbb{R}^n\}$ 是仿射集, 则有

$$\mathrm{cl}(K_1 + \cdots + K_m) \cap H_1 = \mathrm{cl}(K_1 + \cdots + \mathrm{cl}K_m) \cap H_1.$$

因为 $C = \mathrm{conv}(C_1 \cup \cdots \cup C_m)$, 由 [6, 定理 3.3] 有

$$C = \cup\left\{\sum_{i=1}^m \lambda_i C_i\right\} = \cup\{\lambda_1 C_1 + \cdots + \lambda_m C_m \mid \lambda_i \geqslant 0, \ \lambda_1 + \cdots + \lambda_m = 1\},$$

$$(K_1 + \cdots + K_m) \cap H_1$$
$$= \{(1, x) \mid \lambda_i \geqslant 0, \ x_i \in \lambda_i C_i, \ x = x_1 + \cdots + x_m, \ \lambda_1 + \cdots + \lambda_m = 1\}$$
$$= \{(1, x) \mid x \in C\}.$$

则有

$$\mathrm{cl}((K_1 + \cdots + K_m) \cap H_1) = \{(1, x) \mid x \in \mathrm{cl}C\}$$
$$= \mathrm{cl}(K_1 + \cdots + K_m) \cap H_1.$$

又因为

$$\mathrm{cl}(K_1 + \cdots + K_m) \cap H_1$$
$$= \{(1, x) \mid \lambda_i \geqslant 0^+, x_i \in \lambda_i C_i, \ \lambda_1 + \cdots + \lambda_m = 1, \ x = x_1 + \cdots + x_m\},$$

所以

$$\mathrm{cl}C = \cup\{\lambda_1 C_1 + \cdots + \lambda_m C_m \mid \lambda_i \geqslant 0^+, \lambda_1 + \cdots + \lambda_m = 1\}.$$

(ii) 由 $\{(1, x) \mid x \in \mathrm{cl}C\}$ 生成的凸锥为

$$\{(\lambda, x) \mid \lambda \geqslant 0, \ x \in \lambda \mathrm{cl}C\}$$
$$= \{(\lambda, x) \mid \lambda \geqslant 0, \ x \in \lambda\lambda_1 C_1 + \cdots + \lambda\lambda_m C_m, \ \lambda_i \geqslant 0^+,$$
$$\lambda_1 + \cdots + \lambda_m = 1\}$$
$$= \{(\lambda(\lambda_1 + \cdots + \lambda_m), x) \mid \lambda \geqslant 0, \ x \in \lambda\lambda_1 C_1 + \cdots + \lambda\lambda_m C_m, \ \lambda_i \geqslant 0^+,$$
$$\lambda_1 + \cdots + \lambda_m = 1\}$$
$$= \{(t_1 + \cdots + t_m), x) \mid t_i = \lambda\lambda_i \geqslant 0, \ x \in t_1 C_1 + \cdots + t_m C_m\}$$
$$= K_1 + \cdots + K_m,$$

即 $\mathrm{cl}(K_1 + \cdots + K_m)$ 是由 $\{(1, x) \mid x \in \mathrm{cl}C\}$ 生成的凸锥的闭包. 由定理 1.2 得

$$\mathrm{cl}(K_1 + \cdots + K_m) = (K_1 + \cdots + K_m) \cup \{(0, x) \mid x \in 0^+(\mathrm{cl}C)\}.$$

在 $\mathrm{cl}K_1 + \cdots + \mathrm{cl}K_m$ 中的 $(0, x)$ 的部分为

$$\{(0, x) \mid x \in 0^+ C_1 + \cdots + 0^+ C_m\}.$$

所以

$$0^+(\mathrm{cl}C) = 0^+ C_1 + \cdots + 0^+ C_m. \qquad \Box$$

推论 2.8 若 $C_1, \cdots, C_m$ 是 $\mathbb{R}^n$ 中非空闭凸集, 且它们都有相同的回收锥 K, 则凸集

$$C = \operatorname{conv}(C_1 \cup \cdots \cup C_m)$$

是闭的, 且 K 是它的回收锥.

证明 假设 $z_1, \cdots, z_m$ 满足 $z_i \in 0^+C_i = K$ 且 $z_1 + \cdots + z_m = 0$, 那么 $-z_1 = z_2 + \cdots + z_m \in (-K) \cap K$. 类似地, 我们有 $z_2, \cdots, z_m \in (-K) \cap K$. 由定理 2.8 有

$$\operatorname{cl}C = \cup\{\lambda_1 C_1 + \cdots + \lambda_m C_m \mid \lambda_i \geqslant 0^+, \ \lambda_1 + \cdots + \lambda_m = 1\}. \quad (2.3)$$

由定理 [6, 定理 3.3], 有

$$C = \cup\{\lambda_1 C_1 + \cdots + \lambda_m C_m \mid \lambda_1 + \cdots + \lambda_m = 1, \lambda_i \geqslant 0\}. \quad (2.4)$$

要证明 C 是闭集, 只需证明 $C = \operatorname{cl}C$. 即 (2.3) 的右边与 (2.4) 的右边相等. 注意到对任意的 $\lambda_j > 0$, 有

$$0^+C_i + \lambda_j C_j = K + \lambda_j C_j = \lambda_j(K + C_j) = \lambda_j C_j = 0C_i + \lambda_j C_j.$$

所以 $\operatorname{cl}C = C$, 即 $C = \operatorname{conv}(C_1 \cup \cdots \cup C_m)$ 是闭的. 由定理 2.8, 有

$$0^+\operatorname{cl}C = 0^+C_1 + \cdots + 0^+C_m = K + \cdots + K = mK = K,$$

故有

$$0^+C = 0^+\operatorname{cl}C = K. \qquad \square$$

推论 2.9 若 $C_1, \cdots, C_m$ 是 $\mathbb{R}^n$ 中有界闭凸集, 那么 $\operatorname{conv}(C_1 \cup \cdots \cup C_m)$ 也是有界闭凸集.

证明 由定理 1.4, 因为 $C_1, \cdots, C_m$ 是有界闭凸集, 所以

$$0^+C_1 = 0^+C_2 = \cdots = 0^+C_m = \{0\},$$

即 $C_1, \cdots, C_m$ 有相同的回收锥. 由推论 2.8, 有 $C = \operatorname{conv}(C_1 \cup \cdots \cup C_m)$ 是闭的且 $0^+C = \{0\}$, 所以 $C = \operatorname{conv}(C_1 \cup \cdots \cup C_m)$ 是有界闭凸集. $\square$

推论 2.10 $f_1, \cdots, f_m$ 是 $\mathbb{R}^n$ 上的正常闭凸函数, 且它们有相同的回收函数 k, 那么 $f = \text{conv}\{f_1, \cdots, f_m\}$ 是正常闭的且 k 是它的回收函数. [6, 定理 5.6] 给出了 $f(x)$ 的形式, 当 x 取某个凸组合时下确界可以取到.

证明 令 $C_i = \text{epi} f_i = \{(x, \mu) \mid \mu \geqslant f_i(x)\}$, 则 C_i 是 $\mathbb{R}^{n+1}$ 中的非空闭凸集.

$$k = f_1 0^+ = \cdots = f_m 0^+,$$

故有

$$\text{epi}(f_1 0^+) = \text{epi}(f_m 0^+).$$

因为 $\text{epi} f_i 0^+ = 0^+(\text{epi} f_i)$, 则

$$0^+ C_i = 0^+(\text{epi} f_i) = \text{epi}(f_i 0^+) = \text{epi} k.$$

记 $K = \text{epi} k$, 即 $C_i \ (i = 1, \cdots, m)$ 有相同的回收锥 K. 由推论 2.8 有

$$C = \text{conv}\,(C_1 \cup \cdots \cup C_m)$$

是 $\mathbb{R}^{n+1}$ 中的非空闭凸集, 且 $0^+ C = K$. 由定理 [6, 定理 5.6], 有

$$f(x) = \inf\{\mu \mid (x, \mu) \in C\},$$

即 $C = \text{epi} f$ 是闭的. 所以 f 是闭的, f 的回收函数为 $f 0^+$. 故有

$$0^+(\text{epi} f) = \text{epi}(f 0^+) = 0^+ C = K = \text{epi} k.$$

所以 $k = f 0^+$ 即 k 是 f 的回收函数. $\qquad\qquad\qquad\qquad\qquad \square$

注 2.1 更多复杂函数的上图及性质可参见 [1], [2].

2.4 练 习 题

练习 2.1 举例说明推论 2.8.

练习 2.2 举出有界集合 C 的例子并讨论其回收锥.

练习 2.3 举出无界凸集的例子并刻画其回收锥.

第 3 章　凸函数的连续性

3.1　连续性定义

凸函数的闭包运算使其下半连续, 现在来讨论凸函数 f 上半连续的情形, 以便 $\mathrm{cl}\, f$ 确实为连续的, 也要考虑等度连续和一致连续的情况. 下面先给出几个定义.

定义 3.1　$f(x)$ 是定义在区间 I 上的函数, 若对任意的 $\varepsilon > 0$, 存在 $\delta > 0$, 只要 $x', x'' \in I$, 且 $\|x' - x''\| < \delta$, 则

$$|f(x') - f(x'')| < \varepsilon,$$

则称 $f(x)$ 在 I 上一致连续.

定义 3.2　设函数列 $\{f_n(x)\}$ 定义在区间 I 上, 若对任意的 $\varepsilon > 0$, 存在 $\delta > 0$, 使得当 $x', x'' \in I$, 且 $\|x' - x''\| < \delta$ 时, 对任意的 n, 有

$$|f_n(x') - f_n(x'')| < \varepsilon,$$

则称 $\{f_n(x)\}$ 在 I 上等度连续.

定义 3.3　若 $S \subset \mathbb{R}^n$, f 是相对于 S 的连续函数, 则称 f 相对于 S 连续.

注 3.1　相对于 S 连续, 等价于对 $x \in S$, $f(y) \to f(x)$, 当 y 沿 S 中的点趋于 x 时, 但不必 y 沿 S 外的点趋于 x.

下面的定理很重要.

定理 3.1　$\mathbb{R}^n$ 上的凸函数 f 在其有效域内的任何相对开凸集 C 上都相对于 C 连续.

证明　令

$$g(x) = \begin{cases} f(x), & \text{如果} x \in C, \\ +\infty, & \text{否则}, \end{cases}$$

则 $\mathrm{dom}g = C$. 用 g 把 f 替代, 则把定理变成 $C = \mathrm{dom}f$ 的情形.

不失一般性, 可假设 C 是 n 维的 (因此是开的, 不仅仅是相对开的). 考虑如下两种情形.

(1) 若 f 是非正常的, 则对任意的 $x \in C$, 有 $f(x) \equiv -\infty$. 显然 f 连续.

(2) 若 f 是正常的, 即 f 在 C 上有限. 由 [6, 定理 7.4] 知, 对任意的 $x \in C$, $(\mathrm{cl}f)(x) = f(x)$. 故 f 在 C 上是下半连续的. 因此, 为了证明连续, 只需证明 $\{x \mid f(x) \geqslant \alpha\}$ 是闭的, 以证明 f 是上半连续的 (见 [6, 定理 7.1]). 所以只要证 $\{x \mid f(x) < \alpha\}$ 是开的. 下面先证明其对应的 $\mathbb{R}^{n+1}$ 中的集合是开集.

因为 $C = \mathrm{dom}f$ 是开的, 由 [6, 引理 7.3] 知, 集合

$$\mathrm{int}(\mathrm{epi}f) = \{(x, \mu) \mid \mu > f(x)\}$$

是开集.

$$M := \mathrm{int}(\mathrm{epi}f) \cap \{(x, \mu) \mid \mu < \alpha\} = \{(x, \mu) \mid f(x) < \mu < \alpha\}$$

也是开集. 由开集在线性变换下的投影也是开集知, M 在 $\mathbb{R}^n$ 上的投影也是开集, 即 $\{x \mid f(x) < \alpha\}$ 为开集. $\quad\square$

推论 3.1 在 $\mathbb{R}^n$ 上的有限凸函数必然连续.

注 3.2 (i) $f(x)$ 在闭凸区间上是凸函数, 但是不一定连续.

(ii) 凸函数不一定下半连续.

举例如下.

例子 3.1

$$f(x) = \begin{cases} 1, & x = 0 \text{ 或 } 1, \\ 0, & x \in (0, 1), \end{cases}$$

该函数及其上图如图 3.1 及图 3.2 所示.

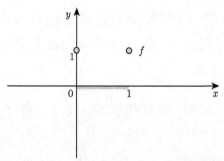

图 3.1 例子 3.1 中 f 的函数图像

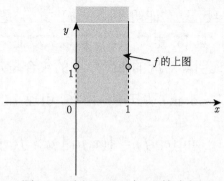

图 3.2 例子 3.1 中 f 的上图

这个关于连续的结论很有用, 可以用它来判定凸函数的连续性.

例子 3.2 f 是 $\mathbb{R}^n \times T$ (T 是任意集合) 上的实值函数, 满足:

(i) 当 t 固定时, $f(x, t)$ 是关于 x 的凸函数;

(ii) 当 x 固定时, $f(x, t)$ 是关于 t 的上有界函数.

(上述条件当 $t \in T$, f 是 $\mathbb{R}^n$ 上的连续有限凸函数时满足). 则

$$h(x) = \sup\{f(x, t) \mid t \in T\}$$

是依赖于 x 连续.

从推论 3.1 可知, 只要 h 处处有限且是凸的即可. 根据 f 满足的条件, $h(x)$ 是处处有限的, 且 $h(x)$ 是凸函数族的逐点上确界, 所以 h 是凸的.

例子 3.3 考虑在 $\mathbb{R}^n$ 中处处有限的凸函数 f 和 $\mathbb{R}^n$ 中的非空凸集 C. 对每个 $x \in \mathbb{R}^n$, 令 $h(x)$ 是 f 在 $C+x$ 上的下确界, 则 $h(x)$ 相对于 x 连续.

证明 首先,

$$h(x) = \inf_z \{f(x-z) + \delta(z| - C)\} = (f \square g)(x),$$

其中 g 是 $-C$ 的指示函数. 所以 h 是 $\mathbb{R}^n$ 上的凸函数. 因为 f 处处有限, 所以有

$$\mathrm{dom}\, h = \mathbb{R}^n = \mathrm{dom}\, f + \mathrm{dom}\, g.$$

因此 $h \equiv -\infty$ 或处处有限 (见 [6, 定理 7.2]). 不管哪种情况, h 都连续. □

3.2 相对边界上的连续性

函数在有效域的相对边界上的连续性如何? 下面看一个例子.

例子 3.4 在 $\mathbb{R}^n$ 中, 令

$$f(\xi_1, \xi_2) = \begin{cases} \dfrac{\xi_2^2}{2\xi_1}, & \xi_1 > 0, \\ 0, & \xi_1 = 0, \xi_2 = 0, \\ +\infty, & \text{其他}. \end{cases}$$

事实上, f 是抛物线凸函数

$$C = \{(\xi_1, \xi_2) | \xi_1 + (\xi_2^2/2) \leqslant 0\}$$

的支撑函数 (说明如下), 因此它是凸的. 见图 3.3 和图 3.4.

由支撑函数定义,

$$\begin{aligned} \delta^*(x^* \mid C) &= \sup\{\langle x, x^* \rangle \mid x \in C\} \\ &= \sup\left\{\xi_1 \xi_1^* + \xi_2 \xi_2^* \mid x_1 \leqslant -\frac{\xi_2^2}{2}\right\} \end{aligned}$$

$$= \begin{cases} \dfrac{(\xi_2^*)^2}{2\xi_1^*}, & \xi_1^* > 0, \\ 0, & \xi_1^* = 0 \text{ 或 } \xi_2^* = 0, \\ +\infty, & \text{其他}. \end{cases}$$

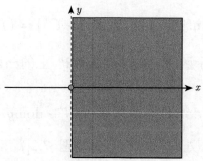

图 3.3　例子 3.4 中 f 的定义域

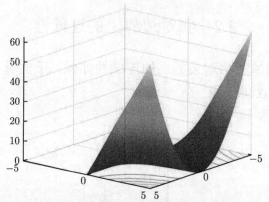

图 3.4　例子 3.4 中 f 的三维图像

支撑函数值的几何意义如下 (见图 3.5 和图 3.6). 由支撑函数定义可知

$$\langle x, x^* \rangle = \|x\|\|x^*\| \cos\theta,$$

其中 θ 是 x 与 x^* 的夹角. 给定 x^* 时, 需要 $\|x\| \cos\theta$ 最大, 即支撑函数在 x 点的值是抛物凸集与和 x 垂直的超平面 (二维时即为直线) 的交集中的向量在 x^* 方向上的投影最大值. 设 $x^* = (\xi_1, \xi_2)$, 与 x^* 垂直的超平面的表达式为

$$y = -\frac{\xi_1}{\xi_2}x + b.$$

这族直线与原抛物线相切时的切点所构成的向量, 在 x^* 方向上投影最大. 求解得到切线方程为

$$y = -\frac{\xi_1}{\xi_2}x + \frac{\xi_2^2}{2\xi_1}.$$

该切线的截距即为支撑函数值 $\dfrac{\xi_2^2}{2\xi_1}$.

观察到 f 除了原点, 处处连续. 在 $(0,0)$, f 是下半连续的. 当 (ξ_1, ξ_2) 沿着 $\xi_1 = \xi_2^2/2\alpha$ 趋于 $(0,0)$ 时,

$$\lim_{(\xi_1,\xi_2)\to(0,0)} f(\xi_1,\xi_2) = \alpha.$$

其中 α 是任意正实数. 当 (ξ_1, ξ_2) 沿着连接原点和右半开空间的线段 (例如沿着 $\xi_2 = k\xi_1, k > 0$) 趋于 $(0,0)$ 时,

$$\lim_{(\xi_1,\xi_2)\to(0,0)} f(\xi_1,\xi_2) = 0.$$

这很显然, 同样可由 [6, 定理 7.5] 得到. 所以, 当 $f(\xi_1,\xi_2)$ 以两种不同的路径趋向于 $(0,0)$ 时, 极限不同.

疑惑的是, 当以 $\mathrm{dom}f$ 边界的一条切线趋于 $(0,0)$ 时的结果会怎样? 当路径固定在以原点作为一个顶点的 $\mathrm{dom}f$ 的单纯形时,

$$\lim_{(\xi_1,\xi_2)\to(0,0)} f(\xi_1,\xi_2) = f(0,0) = 0.$$

从上述的例子中猜想: 闭凸函数在有效域的单纯形上是连续的. 这个猜想在单纯形是线段时也是成立的 ([6, 推论 7.11]). 我们要证明一个更常用更强有力的猜想. 首先需要给出如下的定义.

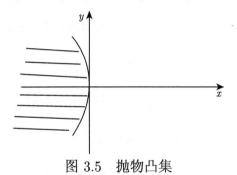

图 3.5 抛物凸集

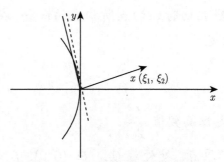

图 3.6　支撑函数值的确定

定义 3.4　当对每个 $x \in S$, 存在一个有限单纯形集 $S_1, S_2, \cdots, S_m$, $S_1 \subset S, \cdots, S_m \subset S$, 使得对 x 的邻域 U, $U \cap (S_1 \cup \cdots \cup S_m) = U \cap S$, 则称 S 是局部单纯形.

注 3.3　一个局部单纯形不必凸, 不需闭. 局部单纯形集包含所有多面体和多面凸集, 包括线段和其他单纯形, 它也包括所有相对开凸集.

下面介绍一些直观上的事实. 在如下性质中给出.

性质 3.1　令 C 是单纯形, 顶点为 $x_0, x_1, \cdots, x_m, x \in C$, 则 C 是可被三角分解成为以 x 为顶点的单纯形. 也就是说, 每个 $y \in C$ 都属于一个单纯形, 这个单纯形的顶点是 x 和 C 的 $m+1$ 个顶点中的 m 个.

证明　对每个 $y \in C$, 连接 x 与 y, 与 C 的相对边界点交于 z. z 可表示成 C 的 m 个顶点的凸组合, 即 $x_1, \cdots, x_m$. $x_1, \cdots, x_m$ 仿射无关. 因此 $x, x_1, \cdots, x_m$ 仿射无关. 它们生成的 m 维单纯形包含 y.　□

定理 3.2　令 f 是 $\mathbb{R}^n$ 上的凸函数, S 是 $\mathrm{dom} f$ 的子集, 且 S 是局部单纯形, 则 f 是 S 上的上半连续. 当 f 是闭时, f 在 S 上连续.

证明　令 $x \in S$. 记 $S_1, \cdots, S_m$ 是单纯形, 满足 $S_1 \subset S, \cdots, S_m \subset S$, 且使得 x 的某邻域 U, 满足

$$U \cap (S_1 \cup \cdots \cup S_m) = U \cap S.$$

每个包含 x 的单纯形 S_i 都可以被三角分解成有限个其他的单纯形, 这些单纯形中的每一个都以 x 为其顶点之一. 记以这种方式得到的单纯

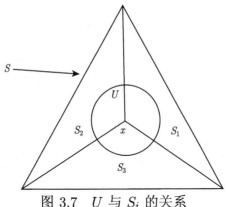

图 3.7 U 与 S_i 的关系

形为 $T_1, \cdots, T_k$①. 因此 T_i 的一个顶点为 x, 所以 x 的邻域 $U_1(U$ 与 U_1 是不同的, 见图 3.8), 有

$$U_1 \cap (T_1 \cup \cdots \cup T_k) = U_1 \cap S.$$

若证明了 f 在 x 点相对于每个 T_j 是上半连续的, 则 f 在 x 点相对于集合 $T_1 \cup \cdots \cup T_k$ 为上半连续的, 因此 f 在 x 点相对于 S 是上半连续的. 因此证明简化为: 若 T 是单纯形, 且 $T \subset \mathrm{dom} f$, x 是 T 的一个顶点, 则 f 在 x 点是相对于 T 上半连续的.

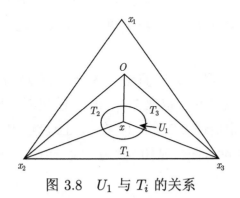

图 3.8 U_1 与 T_i 的关系

不失一般性, 可假设 T 是 n 维的. 事实上, 若需要可应用仿射变换.

---

① 注意: 某些 S_i 中可能不含有 x. 因此, $T_1, \cdots, T_k$ 是那些包含 x 的 S_i 三角分解后得到的单纯型的子集, 见图 3.7.

假设 $x = 0, T$ 的其他非零顶点为

$$e_1 = (1, 0, \cdots, 0), \cdots, e_n = (0, 0, \cdots, 1).$$

则对任意的 $z = (\xi_1, \cdots, \xi_n) \in T$, 由 f 的凸性有

$$f(z) \leqslant (1 - \xi_1 - \cdots - \xi_n) f(0) + \xi_1 f(e_1) + \cdots + \xi_n f(e_n),$$

(当 f 非正常时, 上式也成立; 不可能出现 $\infty - \infty$, 因为 f 在 T 上取不到 $+\infty$).

$$\begin{aligned}
\limsup_{z \to 0} \{ f(z) \} &\leqslant \lim \{ (1 - \xi_1 - \xi_2 - \cdots - \xi_n) f(0) \\
&\quad + \xi_1 f(e_1) + \cdots + \xi_n f(e_n) \} \\
&= f(0).
\end{aligned}$$

因此 f 在 0 点相对于 T 是上半连续的.

第二部分结论的证明: 当 f 为闭的时, 因 f 也为下半连续的, 故 f 既是上半连续又是下半连续, 则 f 相对于 S 连续.   □

定理 3.2 的用途将在下述应用中介绍.

定理 3.3   令 C 是局部单纯凸集, f 是 riC 上的有限凸函数, 且在 riC 的每个有界子集上是上有界的, 则 f 可唯一延拓成 C 上的连续有限凸函数.

证明   当 $x \notin$ riC 时, 令 $f(x) = +\infty$. cl$f$ 是凸、闭、正常的. 且当 $x \in$ riC 时, $f = $ cl$f$ [6, 定理 7.4]. 由 f 的边界条件, 得 cl$f$ 在 C 的相对边界上有限. 由定理 3.2 知, cl$f$ 在 C 上连续. 因此, cl$f$ 在 C 上的限制是 f 的一个连续有限凸延拓. 因为 $C \subset$ cl(riC), 所以这样的延拓只有一个.   □

当 y 沿着任意一条连接 x (x 是相对边界中的点) 和 riC 中一点的直线趋于 x 时, 令

$$f(x) = \lim_{y \to x} f(x),$$

定理 3.3 中的延拓发生在相对边界上.

例子 3.5 C 是 $\mathbb{R}^n$ 上的非负象限 (由文献 [10] 中的定理 20.5 知, 它是局部单纯形). C 的内部是正象限. 令 f 是定义在正象限上的非减的有限凸函数, 即 $f(\xi_1, \cdots, \xi_n)$ 是 ξ_i $(i = 1, \cdots, n)$ 的非减函数. 对每个正实数 λ, 对所有的 $x = (\xi_1, \cdots, \xi_n)$, 且 $0 < \xi_j \leqslant \lambda$, 有

$$f(\xi_1, \cdots, \xi_n) \leqslant f(\lambda, \cdots, \lambda).$$

因此, f 在每个正象限的有界子集上都是上有界的. 由定理 3.3 知, f 可唯一延拓成非负象限上的有限连续 (非减) 凸函数.

3.3 利普希茨连续性

定义 3.5 在 $S \subset \mathbb{R}^n$ 上的实值函数 f 称为相对于 S 是利普希茨连续的, 如果存在一个实数 $\alpha \geqslant 0$, 使得

$$|f(y) - f(x)| \leqslant \alpha \|y - x\|, \quad \forall\, y \in S,\, x \in S.$$

f 在 S 上利普希茨连续可得到 f 在 S 上一致连续.

下面的定理是对定理 3.1 的改进.

定理 3.4 令 f 是正常凸函数, S 是 $\mathrm{ri}(\mathrm{dom} f)$ 上的任意闭的有界子集, 则 f 相对于 S 是利普希茨连续的.

证明 不失一般性, 假设 $\mathrm{dom} f$ 是 $\mathbb{R}^n$ 的, 则 $S \subset \mathrm{int}(\mathrm{dom} f)$. 令 B 是欧氏单位球, 对每个 $\varepsilon > 0$, $S + \varepsilon B$ 是有界闭集. 集合 M 定义为

$$M := \bigcap_{\varepsilon > 0} ((S + \varepsilon B) \cap (\mathbb{R}^n \backslash \mathrm{int}(\mathrm{dom} f)))\},$$

可知 M 是空集. 因此存在 $\varepsilon > 0$, 使得 $S + \varepsilon B \subset \mathrm{int}(\mathrm{dom} f)$[①]. 由定理

---

① 否则, 若对任意的 $\varepsilon > 0$, $S + \varepsilon B \not\subset \mathrm{int}(\mathrm{dom} f)$, 则

$$\cap (S + \varepsilon B) \not\subset \mathrm{int}(\mathrm{dom} f),$$

即

$$\cap (S + \varepsilon B) \subset (\mathbb{R}^n \backslash \mathrm{int}(\mathrm{dom} f),$$

与 M 为空集产生矛盾.

3.1, f 在 $S + \varepsilon B$ 上连续.

因为 $S + \varepsilon B$ 是有界闭集, 则 f 在 $S + \varepsilon B$ 上是有界的 (闭区间上的连续函数有界). 令 α_1, α_2 分别是上界和下界, x, y 是 S 中两个不同的点, 令

$$z = y + \frac{\varepsilon}{\|y - x\|}(y - x).$$

则 $z \in S + \varepsilon B$, 且

$$y = (1 - \lambda)x + \lambda z, \quad \lambda = \frac{\|y - x\|}{\varepsilon + \|y - x\|}.$$

由 f 的凸性, 有

$$f(y) \leqslant (1 - \lambda)f(x) + \lambda f(z) = f(x) + \lambda(f(z) - f(x)).$$

因此

$$f(y) - f(x) \leqslant \lambda(\alpha_2 - \alpha_1) \leqslant \alpha\|y - x\|.$$

其中

$$\alpha = \frac{(\alpha_2 - \alpha_1)}{\varepsilon}.$$

这个不等式对 S 中的任意 x 和 y 都成立, 所以 f 在 S 上是利普希茨连续的.   □

注 3.4　与定理 3.1 相比, 定理 3.4 要求 S 闭有界, 则 f 利普希茨连续. 而定理 3.1 仅要求 S 为开集, 故仅有 f 连续的结果.

由定理 3.4 知, $\mathbb{R}^n$ 上的有限凸函数在每个有界集合上一致连续, 甚至利普希茨连续. 但 f 不一定在整个 $\mathbb{R}^n$ 上一致连续或利普希茨连续. 现在讨论什么情况下 f 具有这些性质.

定理 3.5　令 f 是 $\mathbb{R}^n$ 上的有限凸函数, f 在 $\mathbb{R}^n$ 上一致连续的充分必要条件是 f 的回收函数 $f0^+$ 处处有限. 在这种情况下, f 在 $\mathbb{R}^n$ 上是利普希茨连续.

证明 (必要性) f 一致连续 $\Rightarrow f0^+$ 处处有限. 假设 f 是一致连续的. 固定一个 $\varepsilon > 0$, 存在 $\delta > 0$, 使得 $\|z\| \leqslant \delta$ 时, 对于任意的 x,

$$f(x + z) - f(x) \leqslant \varepsilon.$$

对于这个 δ, 有: 当 $\|z\| \leqslant \delta$ 时, 由定理 1.5 的第一个公式, 有

$$(f0^+)(z) = \sup\{f(x + z) - f(x) \mid x \in \mathrm{dom}f\} \leqslant \varepsilon.$$

因为 $f0^+$ 是正常的正齐次凸函数, 则 $f0^+$ 处处有限.

(充分性) $f0^+$ 处处有限 $\Rightarrow f$ 一致连续. 假设 $f0^+$ 处处有限, 则由推论 3.1, $f0^+$ 处处连续. 因此 $f0^+(z)$ 在 $\|z\| = 1$ 上有界. 记

$$\alpha = \sup\{(f0^+)(z) \mid \|z\| = 1\} = \sup\{\|z\|^{-1}(f0^+)(z) \mid z \neq 0\} < \infty.$$

所以

$$\alpha\|y - x\| \geqslant (f0^+)(y - x) \geqslant f(y) - f(x), \quad \forall\, x,\, \forall\, y, \text{ (推论 1.7)}$$

即 f 相对于 $\mathrm{I\!R}^n$ 上是利普希茨连续的. 特别地, f 相对于 $\mathrm{I\!R}^n$ 一致连续. $\qquad\square$

注 3.5 闭区间上的连续函数一定一致连续. 此时, $f0^+$ 有限. 举例如下.

例子 3.6 如图 3.9, $f(x)$ 是 $[1,2] \subset \mathrm{I\!R}$ 上的连续函数, 可知

$$\mathrm{epi}f = \{(x,\mu) \mid f(x) \leqslant u\}, \quad 0^+(\mathrm{epi}f) = \{(0,k) \mid k \geqslant 0\},$$

因此

$$f0^+(y) = 0, \quad y = (0,1).$$

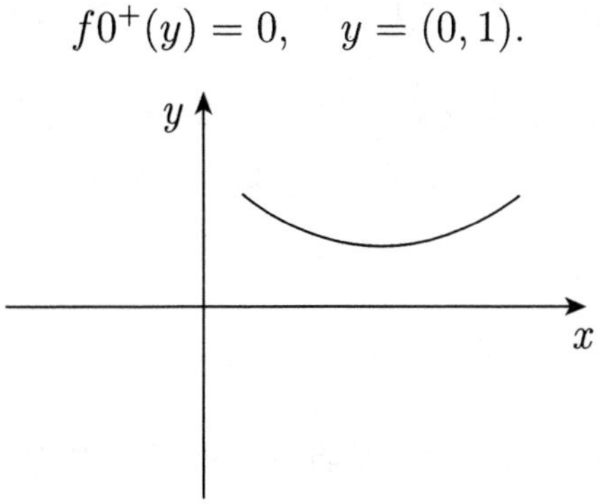

图 3.9 $(f0^+)(y) = 0$ 示意图

推论 3.2　若有限凸函数 f 对任意的 y, 满足

$$\liminf_{\lambda \to \infty} \frac{f(\lambda y)}{\lambda} < \infty,$$

则 f 相对于 $\mathbb{R}^n$ 利普希茨连续.

　　证明　f 为有限正常凸函数, 由推论 3.1 知, f 为连续函数. 则 $g(\lambda) = f(\lambda y)/\lambda$ 为连续函数, 那么

$$\liminf_{\lambda \to \infty} \frac{f(\lambda y)}{\lambda} = \lim_{\lambda \to \infty} \frac{f(\lambda y)}{\lambda} < \infty.$$

由定理 1.5 知, 此极限等于 $(f0^+)(y) < \infty$, 故 f 是相对于 $\mathbb{R}^n$ 是利普希茨连续的.　　　　　　　　　　　　　　　　　　　　　　　　　　　　　□

　　推论 3.3　令 g 关于 $\mathbb{R}^n$ 的有限凸函数且利普希茨连续 (例如 $g(x) = \alpha\|x\| + \beta,\ \alpha > 0$), 则每个有限凸函数 f 满足 $f \leqslant g$, f 也是相对于 $\mathbb{R}^n$ 利普希茨连续.

　　证明　当 $f \leqslant g$ 时, 有 $f0^+ \leqslant g0^+$.　　　　　　　　　　　　□

3.4　凸函数族的连续性

　　现在讨论凸函数族的性质以及相对应的连续性. 先给出一些定义.

　　定义 3.6　令 $\{f_i \mid i \in I\}$ 是定义在 $S \subset \mathbb{R}^n$ 的实值函数族, 我们称 $\{f_i \mid i \in I\}$ 在 S 上是等度利普希茨连续, 如果存在一个 $\alpha > 0$, 使得

$$|f_i(y) - f_i(x)| \leqslant \alpha\|y - x\|, \quad \forall\, x \in S,\ y \in S,\ i \in I.$$

　　定义 3.7　特别地, 当 $\{f_i \mid i \in I\}$ 在 S 上是等度利普希茨连续时, $\{f_i \mid i \in I\}$ 相对于 S 是一致等度连续, 也就是说对每个 $\varepsilon > 0$, 都存在 $\delta > 0$, 使得当 $y \in S, x \in S, \|y - x\| \leqslant \delta$ 时,

$$|f_i(y) - f_i(x)| \leqslant \varepsilon, \quad \forall\, i \in I.$$

　　定义 3.8　若 $\{f_i \mid i \in I\}$ 对每个 $x \in S$ 都有界, 则称 $\{f_i \mid i \in I\}$ 是 S 上的逐点有界.

定义 3.9 若存在实数 α_1, α_2, 使得

$$\alpha_1 \leqslant f_i(x) \leqslant \alpha_2, \quad \forall\, x \in S,\ \forall\, i \in I.$$

则称 $\{f_i | i \in I\}$ 在 S 上是一致有界.

定理 3.6 令 C 是相对开凸集, $\{f_i \mid i \in I\}$ 是 C 上有限且逐点有界的凸函数族. 令 S 是 C 的有界闭子集, 则 $\{f_i \mid i \in I\}$ 是 S 上的一致有界且相对于 S 是等度利普希茨连续.

若上述逐点有界的假设弱化成下述两个假设:

(a) 存在 $C' \subset C$, 使得 $\mathrm{conv}(\mathrm{cl}C') \supset C$ 且对每个 $x \in C'$, $\sup\{f_i(x) \mid i \in I\}$ 都有限;

(b) 至少存在一个 $x \in C$, 使得 $\inf\{f_i(x) \mid i \in I\}$ 有限.

则结论依然成立.

证明 仅证假设 (a) 和 (b) 条件下, 结论成立 (C 与 C' 关系举例如图 3.10). 不失一般性, 假设 C 是开的. 因为 (a) 和 (b), 我们需要证明 $\{f_i \mid i \in I\}$ 在 C 的每个有界子集上一致有界. 等度利普希茨连续的性质可参考定理 3.4 的证明, 因为利普希茨常数 α 的构造只依赖于给定的下界 α_1 和上界 α_2.

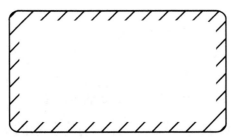

图 3.10 C' 与 C 的关系示意图 (阴影部分为 C')

令 $f(x) = \sup\{f_i(x) \mid i \in I\}$, 则 f 是凸函数. 因此 $\mathrm{dom}f$ 是凸集. (由定理 3.4, 凸集 $\mathrm{epi}f$ 在线性变换下的像 $\mathrm{dom}f$ 仍为凸集.) 而 $\mathrm{dom}f \supset C'$, 故 $\mathrm{cl}(\mathrm{dom}f) \supset \mathrm{cl}C'$. 由凸包定义, $\mathrm{conv}(\mathrm{cl}C')$ 是包含 $\mathrm{cl}C'$ 的最小凸集, 结合 $\mathrm{cl}(\mathrm{dom}f)$ 的凸性, 可得到 $\mathrm{cl}(\mathrm{dom}f) \supset \mathrm{conv}(\mathrm{cl}C')$. 因

此有

$$\mathrm{dom} f \supset \mathrm{int}(\mathrm{cl}(\mathrm{dom} f)) \supset \mathrm{int} C = C.$$

由定理 3.1 知, f 在 S 上连续. 特别地, f 在 C 的每个有界闭子集上是上有界的, 即 $\{f_i | i \in I\}$ 在 C 的每个有界闭子集上一致有界.

下面要证 $\{f_i \mid i \in I\}$ 在 C 的每个有界闭子集上是一致有界的. 构造连续实值函数 g, 使得 $\forall x \in C$, $\forall i \in I$, $f_i(x) \geqslant g(x)$. 由假设 (b), 选取 $\forall \bar{x} \in C$, 使得

$$-\infty < \beta_1 = \inf\{f_i(\bar{x}) \mid i \in I\}.$$

令 $\varepsilon > 0$ 足够小, 使得 $\bar{x} + \varepsilon B \subset C$, 其中 B 是欧氏单位球. 令 β_2 是 f 在 $\bar{x} + \varepsilon B$ 的正上界, 对 $\forall x \in C$, $x \neq \bar{x}$, 有

$$\bar{x} = (1 - \lambda)z + \lambda x,$$

其中

$$z = \bar{x} + \frac{\varepsilon(\bar{x} - x)}{\|\bar{x} - x\|}, \quad \lambda = \frac{\varepsilon}{\varepsilon + \|\bar{x} - x\|}.$$

$x, \bar{x}, z$ 的关系如图 3.11.

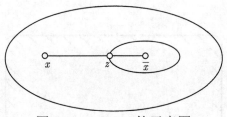

图 3.11　$x, \bar{x}, z$ 的示意图

因为 $0 < \lambda < 1$, 且 $\|z - \bar{x}\| = \varepsilon$, 则有对任意的 $i \in I$,

$$\beta_1 \leqslant f_i(\bar{x})$$
$$\leqslant (1 - \lambda)f_i(z) + \lambda f_i(x)$$
$$\leqslant (1 - \lambda)\beta_2 + \lambda f_i(x)$$
$$\leqslant \beta_2 + \lambda f_i(x).$$

因此
$$f_i(x) \geqslant \frac{\beta_1 - \beta_2}{\lambda} = \frac{(\varepsilon + \|\bar{x} - x\|)(\beta_1 - \beta_2)}{\varepsilon}.$$

而函数
$$h(x) := \frac{(\varepsilon + \|\bar{x} - x\|)(\beta_1 - \beta_2)}{\varepsilon}$$

是相对于 x 上的连续函数, 在闭区间上有界, 故有最小值, 记为 $c_{\min}$. 因此有

$$f_i(x) \geqslant g(x) \geqslant c_{\min}, \quad \forall\, x \in C, \ \forall\, i \in I,$$

即 $f_i(x)$ 下有界. 所以存在 α_1, α_2, 使得 $\alpha_1 \leqslant f_i(x) \leqslant \alpha_2$, 即 $f_i(x)$ 一致有界. $\qquad\square$

定理 3.7 令 C 是 $\mathbb{R}^n$ 中的相对开凸集, T 是局部紧拓扑空间 (例如 $\mathbb{R}^m$ 的任意开或闭的子集). 令 f 是 $C \times T$ 上的实值函数, 使得

(a) 当 t 固定时, $f(x, t)$ 是关于 x 的凸函数;

(b) 当 x 固定时, $f(x, t)$ 是关于 t 的连续函数,

则 f 在 $C \times T$ 上连续, 即 $f(x, t)$ 在 x 和 t 上联合连续. 当 x 固定时, $f(x, t)$ 是关于 t 的连续函数的假设弱化成: 存在 $C' \subset C$, 使得 $\mathrm{cl}\, C' \supset C$[①], 且对每个 $x \in C'$, $f(x, \cdot)$ 是 T 上的连续函数, 则结论依然成立.

证明 令 $(x_0, t_0) \in C \times T$, $T_0 \subset T$, T_0 是 t_0 的任意紧邻域. 对 $x \in C'$, 则 $f(x, \cdot)$ 在 T_0 上连续, 因此 $f(x, \cdot)$ 在 T_0 上有界. 因此 $\{f(\cdot, t) \mid t \in T_0\}$ 是 C 上有限凸函数族, 且在 C' 上逐点有界. 由定理 3.6 知, $\{f(\cdot, t) \mid t \in T_0\}$ 在 C 的有界闭子集上等度利普希茨连续. 特别地, 在 x_0 (可选包含 x_0 的 C 的有界闭子集) 上等度连续.

---

① C' 可能有各种不同形式, 如 $C = [0, 1] \subset \mathbb{R}$, C' 可能为 $\left(1, \frac{1}{2}\right) \cup \left(\frac{1}{2}, 1\right)$, 或者 $C \backslash \left\{\frac{1}{2}, \frac{1}{3}, \cdots, \frac{1}{m}\right\}$, m 为有限数等.

给定 $\varepsilon > 0$, 可找到 $\delta > 0$, 使得当 $\|x - x_0\| \leqslant \delta$ 时, 有

$$|f(x,t) - f(x_0,t)| \leqslant \varepsilon/4, \quad \forall\, t \in T_0. \tag{3.1}$$

令 $x_1 \in C'$, 满足 $|x_1 - x_0| \leqslant \delta$ ①. 因为 $f(x_1, \cdot)$ 在 t_0 处连续, 可找到 t_0 的一个邻域 $V, V \subset T_0$, 使得

$$|f(x_1,t) - f(x_1,t_0)| \leqslant \varepsilon/4, \quad \forall\, t \in V. \tag{3.2}$$

对任意 (x,t) 满足 $|x - x_0| \leqslant \delta, t \in T$, 有

$$\begin{aligned}
|f(x,t) - f(x_0,t_0)| &\leqslant |f(x,t) - f(x_0,t)| + |f(x_0,t) - f(x_1,t)| \\
&\quad + |f(x_1,t) - f(x_1,t_0)| + |f(x_1,t_0) - f(x_0,t_0)| \\
&\leqslant \varepsilon/4 + \varepsilon/4 + \varepsilon/4 + \varepsilon/4 = \varepsilon,
\end{aligned}$$

第一项、第二项和第四项是根据 (3.1), 第三项是根据 (3.2). 则说明 f 在 (x_0, t_0) 处连续. □

3.5   凸函数族的一致收敛性

我们需要如下几个定义.

定义 3.10 C' 是 C 的子集, 若 C 中任一点 x, x 的任一邻域同 C' 的交集非空, 则 C' 是 C 的稠密子集.

---

① 反证: 若对任意的 $x_1 \in C'$, 均有 $\|x_1 - x_0\| \geqslant \delta$. 则 $\mathrm{cl}C'$ 中的点满足

$$\|x_1 - x_0\| \geqslant \delta, \quad \forall\, x_1 \in \mathrm{cl}C'.$$

则 $\mathrm{cl}C' \supsetneq C$. 因点

$$x \in \left\{ x \mid \|x - x_0\| < \frac{\delta}{2} \right\} \bigcap \{x \mid \|x - x_0\| < \varepsilon, x \in C\}$$

在 C 中但不在 $\mathrm{cl}C'$ 中.

定义 3.11 设函数列 $\{f_n(x)\}$ 定义在区间 I 上, 收敛于 $f(x)$, 若对任意 $\varepsilon > 0$, 存在 $N > 0$, 使得对任意的 $n > N$, 及任意的 $x \in I$, 有

$$|f_n(x) - f(x)| < \varepsilon,$$

则称 $\{f_n(x)\}$ 在 I 上一致收敛于 $f(x)$.

定义 3.12 可数集合是指能与自然数集合的每个元素建立一一对应的集合, 如自然数集、整数集、有理数集.

定理 3.8 设 C 为相对开凸集, $f_1, f_2, \cdots$ 为定义在 C 上的有限凸函数列. 假设序列在 C 的某个稠密子集上为逐点收敛的, 即存在 C 的子集 C' 使得 $\mathrm{cl}C' \supset C$, 且对于每个 $x \in C'$, 数列 $f_1(x), f_2(x), \cdots$ 的极限存在且是有限的, 则对于每个 $x \in C$ 存在极限且函数 $f(x) = \lim\limits_{i \to \infty} f_i(x)$ 在 C 上有限且为凸的. 而且, 序列 $f_1, f_2, \cdots$ 在 C 的每个闭有界子集上为一致收敛的.

证明 不失一般性, 假设 C 为开的. 函数族 $\{f_i \mid i = 1, 2, \cdots\}$ 在 C' 上为逐点有界的. 由定理 3.6 知该函数族在 C 的每个有界闭子集上为等度利普希茨连续的.

设 S 为 C 的任意闭有界子集, S' 为 C' 的闭有界子集且满足 $\mathrm{int}S' \supset S$(有关 S' 的存在性的讨论在定理 3.4 证明的开头已给出). 存在实数 $\alpha > 0$ 使

$$|f_i(y) - f_i(x)| \leqslant \alpha \|y - x\|, \quad \forall \, y \in S', \, \forall \, x \in S', \, \forall \, i.$$

给定任意 $\varepsilon > 0$, 存在 $C' \cap S'$ 的有限子集 C_0', 使得 S 中的每个点都属于 C_0' 中至少一个点的 $\varepsilon/3\alpha$ 邻域. 因为 C_0' 为有限的, 且函数 f_i 在 C_0' 逐点收敛, 所以存在一个整数 i_0 使得

$$|f_i(z) - f_j(z)| \leqslant \varepsilon/3, \quad \forall \, i \geqslant i_0, \, \forall \, j \geqslant j_0, \, \forall \, z \in C_0'.$$

给定任意 $x \in S$, 令 z 为 C_0' 中满足 $|z - x| \leqslant \varepsilon/3\alpha$ 的点, 则对于每个

$i \geqslant i_0$ 和 $\forall j \geqslant j_0$ 有

$$|f_i(x) - f_j(x)| \leqslant |f_i(x) - f_i(z)| + |f_i(z) - f_j(z)| + |f_j(z) - f_j(x)|$$
$$\leqslant \alpha \|x - z\| + (\varepsilon/3) + \alpha \|z - x\|$$
$$\leqslant \varepsilon.$$

即对于任意 $\varepsilon > 0$, 存在整数 i_0 使

$$|f_i(x) - f_j(x)| \leqslant \varepsilon, \quad \forall\, i \geqslant i_0,\ \forall\, j \geqslant j_0,\ \forall\, x \in S.$$

因此, 对于每个 $x \in S$, 实数 $f_1(x), f_2(x), \cdots$ 形成柯西序列. 这样极限 $f(x)$ 存在且为有限的. 而且给定 $\varepsilon > 0$, 存在整数 i_0 使得

$$|f_i(x) - f(x)| = \lim_{j \to \infty} |f_i(x) - f_j(x)| \leqslant \varepsilon, \quad \forall\, x \in S,\ \forall\, i \geqslant i_0.$$

因此, 函数 $f_i(x)$ 在 S 上一致收敛于 $f(x)$. 因为 S 为 C 中任意有界闭子集, 我们可以特别得到 f 在整个 C 上存在.

对于每个 $x \in C$, $y \in C$, 当 $i \to \infty$ 时, 凸性不等式

$$f_i((1 - \lambda)x + \lambda y) \leqslant (1 - \lambda)f_i(x) + \lambda f_i(y)$$

仍成立. 所以 f 是凸的.   □

推论 3.4　设 f 为定义在相对开凸集 C 上的有限凸函数, $f_1, f_2, \cdots$ 为定义在 C 上的有限凸函数列并满足

$$\limsup_{i \to \infty} f_i(x) \leqslant f(x), \quad \forall\, x \in C,$$

则对于每个 C 的闭有界子集 S 以及每个 $\varepsilon > 0$, 存在一个指标 i_0 使

$$f_i(x) \leqslant f(x) + \varepsilon, \quad \forall\, i \geqslant i_0,\ \forall\, x \in S.$$

证明　令 $g_i(x) = \max\{f_i(x), f(x)\}$, 则凸函数序列 $g_i(x)$ 是有限的, 且在 C 上逐点收敛于 $f(x)$. 由定理 3.8 知, $g_i(x)$ 在 S 上一致收敛于

$f(x)$. 故对任意的 $\varepsilon > 0$, 存在正整数 N, 当 $i > N$ 时, 对任意的 $x \in S$, 有

$$|g_i(x) - f(x)| < \varepsilon.$$

由于 $g_i(x) \geqslant f_i(x)$, $g_i(x) \geqslant f(x)$, 故有

$$f_i(x) - f(x) \leqslant g_i(x) - f(x) = |f_i(x) - f(x)| \leqslant \varepsilon, \quad \forall\, i \geqslant i_0,\, \forall\, x \in S.$$

因此结论成立. $\square$

定理 3.9   设 C 为相对凸开集, $f_1, f_2, \cdots$ 为定义在 C 上的有限凸函数列. 假设对于每个 $x \in C$ 实数序列 $f_1(x), f_2(x), \cdots$ 是有界的 (或仅仅对于 $x \in C'$ 假设成立), 则可能选择 $f_1(x), f_2(x), \cdots$ 的子序列, 使其在 C 的闭有界子集上一致收敛于某凸函数 f.

证明   我们需要一个基本事实: 如果 C' 为 $\mathbb{R}^n$ 的子集, 则存在 C' 的可数子集 C'' 使得 $\mathrm{cl}\,C'' \supset C'$. (证明: 令 Q_1 为 $\mathbb{R}^n$ 中所有以有理点为球心且半径为有理数的闭欧氏球. 即

$$Q_1 = \{D \mid D \subset \mathbb{R}^n, D \text{ 的球心坐标位于有理点, 半径为有理数}\}$$

定义

$$Q = \{D_i \mid D_i \cap C' \neq \varnothing,\ D_i \in Q_1\}.$$

则集合

$$C'' := \{x_i \in \mathbb{R}^n \mid \text{ 取一个} x_i \in D_i \cap C', D_i \in Q, i \in I\}$$

为可数集.)

我们将这个事实应用于 C 的某个子集 C' 使得 $\mathrm{cl}\,C' \supset C$ 且对于每个 $x \in C'$ 集合 $\{f_i(x) \mid i = 1, 2, \cdots\}$ 有界, 所得到的 C'' 具有相同的性质, 也是可数的. 考虑到定理 3.8, 我们所需要证明的是存在在 C'' 上逐点收敛的子序列. 令 $x_1, x_2, \cdots$ 为 C'' 中的元素, 并且组成序列. 实数列 $\{f_i(x_1) \mid i = 1, 2, \cdots\}$ 有界, 则存在至少一个收敛的子列. 因此, 我们能

够找到实数 α_1 和 $\{1, 2, \cdots\}$ 的无限子集 I_1 使得函数 $f_i(x)$ 相应于 I_1 的子序列在 x_1 点收敛于 α_1. 下一步, 因为 $\{f_i(x_2) \mid i = 1, 2, \cdots\}$ 有界, 我们可以找到实数 α_2 和至少不含有 I_1 的第一个整数的无限子集 I_2, 使得函数 $f_i(x)$ 中相应于 I_2 中的子序列在 x_2 点收敛于 α_2(此外在 x_1 点收敛于 α_1). 因此, 我们可以找到实数 α_3 和至少不含有 I_2 中的第一个整数的无限子集 I_3, 使得对于 $i \in I_3$, $f_i(x_3)$ 在 x_3 点收敛于 α_3 等. 对于每个 j, 实数序列 $f_j(x_i), i \in I$, 收敛于 α_j. 因此, 函数列 $f_i(x)$ 在 C'' 上逐点收敛. $\Box$

3.6 练 习 题

练习 3.1 构造一个凸函数族的例子, 使其具有连续性.

练习 3.2 构造一个凸函数族的例子, 使其具有一致连续性.

第 4 章 分 离 定 理

4.1 分　　离

定义 4.1　若 C_1 包含在与超平面 H 相关的闭半空间中, C_2 落在相对的闭半空间中, 则称超平面 H 分离 C_1 与 C_2. 若 C_1, C_2 不全包含在 H 中, 则称 H 正常分离 C_1, C_2.

定义 4.2　若存在 $\varepsilon > 0$, 使得 $C_1 + \varepsilon B$ 包含在被 H 分成的一个开半空间中, $C_2 + \varepsilon B$ 包含在相对的另一个开半空间中, 则称 H 强分离 C_1, C_2, 其中 B 是单位球.

定义 4.3　若 C_1, C_2 包含在由超平面 H 所确定的两个相对的开半空间中, 则称超平面 H 严格分离 C_1 与 C_2.

注 4.1　分离与正常分离是相对于超平面 H 的闭半空间, 强分离和严格分离是相对于超平面 H 的开半空间.

例子 4.1　在 $\mathbb{R}^2$ 中

$$C_1 = \{(x,0) \mid 0 < x < 2\}, \quad C_2 = \{(x,0) \mid 0 < x < 1\}.$$

则 C_1 与 C_2 能被超平面 ($\mathbb{R}^2$ 中即为直线) x 轴分离, 但不能正常分离, 也不能强分离和严格分离.

例子 4.2　$\mathbb{R}^2$ 中,

$$C_1 = \{(x,y) \mid (x-1)^2 + y^2 < 1\}, \quad C_2 = \{(x,y) \mid (x+1)^2 + y^2 < 1\},$$

C_1 与 C_2 能被超平面 ($\mathbb{R}^2$ 中即为直线) y 轴正常分离, 不能强分离, 但能严格分离, 如图 4.1所示.

例子 4.3　在 $\mathbb{R}^2$ 中,

$$C_1 = \{(x,y) \mid (x-1)^2 + y^2 \leqslant 1\}, \quad C_2 = \{(x,y) \mid (x+1)^2 + y^2 \leqslant 1\},$$

C_1 与 C_2 能被超平面 (直线) y 轴正常分离, 不能强分离, 也不能严格分离, 如图 4.2所示.

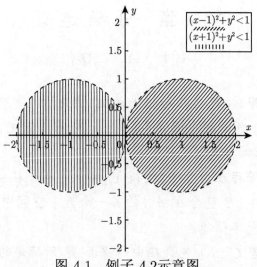

图 4.1　例子 4.2示意图

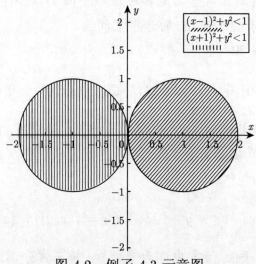

图 4.2　例子 4.3 示意图

例子 4.4　在 $\mathbb{R}^2$ 中,

$$C_1 = \{(x,y) \mid (x-1)^2 + y^2 < 1\}, \quad C_2 = \{(x,y) \mid (x+2)^2 + y^2 < 1\},$$

C_1 与 C_2 能被超平面 (直线) 如 $x = -0.5$ 轴正常分离, 能强分离, 能严格分离, 如图 4.3所示.

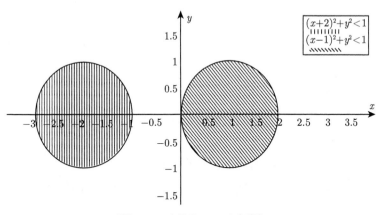

图 4.3　例子 4.4示意图

定理 4.1　设 C_1, C_2 是 $\mathbb{R}^n$ 中的非空集合.

(1) 存在一个超平面正常分离 C_1, C_2 当且仅当存在向量 $b \in \mathbb{R}^n$ 满足

　　(i)　$\inf\{\langle x, b \rangle \mid x \in C_1\} \geqslant \sup\{\langle x, b \rangle \mid x \in C_2\}$;

　　(ii)　$\sup\{\langle x, b \rangle \mid x \in C_1\} > \inf\{\langle x, b \rangle \mid x \in C_2\}$.

(2) 存在一个超平面强分离 C_1, C_2 当且仅当存在向量 $b \in \mathbb{R}^n$ 满足

　　(iii)　$\inf\{\langle x, b \rangle \mid x \in C_1\} > \sup\{\langle x, b \rangle \mid x \in C_2\}$.

　　证明　(1) 设存在向量 $b \in \mathbb{R}^n$ 满足 (i), (ii), β 是介于 (i) 中的上下确界之间的数, 即

$$\inf\{\langle x, b \rangle \mid x \in C_1\} \geqslant \beta \geqslant \sup\{\langle x, b \rangle \mid x \in C_2\}.$$

由 (ii) 知 $b \neq 0$. 集合

$$H = \{x \mid \langle x, b \rangle = \beta\}$$

是一个超平面. 由 (i) 知

$$C_1 \subset \{x \mid \langle x, b \rangle \geqslant \beta\}, \quad C_2 \subset \{x \mid \langle x, b \rangle \leqslant \beta\}.$$

由 (ii) 知, C_1, C_2 至少有一个不包含在 H 中 (否则, 不妨设 C_1 包含在 H 中, 则对于任意的 $x \in C_1$, 有

$$\sup\{\langle x, b \rangle \mid x \in C_1\} = \inf\{\langle x, b \rangle \mid x \in C_1\} = \beta,$$

这与 (ii) 矛盾). 因此, H 正常分离 C_1, C_2.

反之, 若 H 正常分离 C_1, C_2, 则存在 $b \in \mathbb{R}^n$ 以及 β, 使得

$$C_1 \subset \{x \mid \langle x, b \rangle \geqslant \beta\}, \quad C_2 \subset \{x \mid \langle x, b \rangle \leqslant \beta\}.$$

即对任意 $x \in C_1$, 有 $\langle x, b \rangle \geqslant \beta$. 所以

$$\inf_{x \in C_1} \langle x, b \rangle \geqslant \beta.$$

同理, 对任意 $x \in C_2$, 有 $\langle x, b \rangle \leqslant \beta$, 所以

$$\sup_{x \in C_2} \langle x, b \rangle \leqslant \beta.$$

由此, 可以得到条件 (i). 由于 H 正常分离 C_1, C_2, 则 C_1, C_2 至少有一个不完全包含在 H 中, 设 C_1 不完全包含在 H 中. 即存在 $x_1 \in C_1$, 使得 $x_1 \neq H$. 即 $\langle x_1, b \rangle > \beta$. 因此有

$$\begin{aligned}
\sup\{\langle x, b \rangle \mid x \in C_1\} &\geqslant \langle x_1, b \rangle > \beta \\
&\geqslant \sup\{\langle x, b \rangle \mid x \in C_2 \\
&\geqslant \inf\{\langle x, b \rangle \mid x \in C_2\}.
\end{aligned}$$

可以得到 (ii).

(2) 若 $b \in \mathbb{R}^n$ 满足 (iii), 显然 $b \neq 0$, 则存在 $\beta \in \mathbb{R}$, $\delta > 0$, 使得对任意 $x \in C_1$, 有

$$\langle x, b \rangle \geqslant \beta + \delta,$$

且对任意 $x \in C_2$, 有

$$\langle x, b \rangle \leqslant \beta - \delta.$$

取充分小的 $\varepsilon > 0$, 使得对任意 $y \in \varepsilon B$, 有 $|\langle y, b \rangle| < \delta$. 从而任意的 $x + y \in C_1 + \varepsilon B$, 有

$$\langle x + y, b \rangle = \langle x, b \rangle + \langle y, b \rangle > \beta, \quad C_1 + \varepsilon B \subset \{x \mid \langle x, b \rangle > \beta\}.$$

同理可得

$$C_2 + \varepsilon B \subset \{x \mid \langle x, b \rangle < \beta\}.$$

因此超平面 $H = \{x \mid \langle x, b \rangle = \beta\}$ 强分离 C_1, C_2.

反之, 设 H 强分离 C_1, C_2. 由强分离的定义, 则存在 b, β 以及 $\varepsilon > 0$, 使得

$$\inf\{\langle x, b \rangle + \varepsilon \langle y, b \rangle \mid x \in C_1, y \in B\}$$
$$\geqslant \beta \geqslant \sup\{\langle x, b \rangle + \varepsilon \langle y, b \rangle \mid x \in C_2, \ y \in B\}.$$

由 $C_1 \subset C_1 + \varepsilon B$, $C_2 \subset C_2 + \varepsilon B$, 可以得到

$$\inf\{\langle x, b \rangle \mid x \in C_1\} > \inf\{\langle x, b \rangle + \varepsilon \langle y, b \rangle \mid x \in C_1, \ y \in B\},$$

$$\sup\{\langle x, b \rangle \mid x \in C_2\} < \sup\{\langle x, b \rangle + \varepsilon \langle y, b \rangle \mid x \in C_2, \ y \in B\}.$$

则可以得到 (iii). $\qquad\qquad\qquad\qquad\qquad\qquad\qquad\qquad\qquad\qquad$ □

定理 4.2 设 C 是 $\mathbb{R}^n$ 上的相对开凸集, M 是 $\mathbb{R}^n$ 中非空仿射集, $M \cap C = \varnothing$, 则存在包含 M 的超平面 H, 使得 C 包含在 H 一侧的开半空间中.

证明　(1) 若 M 本身是超平面, 则结论自然成立. 否则 $M \cap C \neq \varnothing$.

(2) 若 M 不是超平面, 如图 4.4, 来构建一个比 M 高一维的仿射集 M', 使得 $M' \cap C = \varnothing$. 设 $0 \in M$, 则 M 是一个子空间, 凸集 $C - M$ 包含 C 但不包含 0. 因为 M 不是超平面, 则 $\dim(M) \leqslant n - 2$. 所以 $M^{\perp}$ 包含一个 2 维的子空间 P. 令 $C' = P \cap (C - M)$, 由 [6, 推论 6.5] 以及 [6, 推论 6.8] 可得, C' 是 P 中的一个相对开凸集, 且 $0 \notin C'$. 取一点在 P 但不在 $C - M$ 中, 则在 P 中可以由原点和此点确定一条不与 C' 相交的直线 L. 则 L 与 C 不相交 (由于 L 在 P 中, 且 $P \cap C' = \varnothing$, 则有 $P \cap (C - M) = \varnothing$. 由于 $0 \in M$, P 与 C 不交, 故 L 与 C 不交). 于是, $M' = M + L$ 是比 M 高一维且不与 C 相交的子空间. 方便起见, 可以认为 P 与 $\mathbb{R}^2$ 相同. 以下分情况讨论.

(i) 若 $C' = \varnothing$, 或者 C' 的维数是 1, 则 L 存在.

(ii) 若 $\mathrm{aff}C'$ 是不包含 0 的直线, 可取 L 是过原点的平行线, 如图 4.5.

(iii) 若 $\mathrm{aff}C'$ 是包含原点的直线, 可取 L 是过 0 的垂线, 如图 4.6.

(iv) 若 C' 是 2 维的, 则 C' 是开的, $K = \cup\{\lambda C' \mid \lambda > 0\}$ 是包含 C' 的最小凸锥, 且是开集, $0 \notin K$.

所以, K 是 $\mathbb{R}^2$ 中张角不超过 π 的开扇形, 取 L 为 K 的两条射线边界之一的延长即可, L 为一条过原点的直线, 如图 4.7.　　　　□

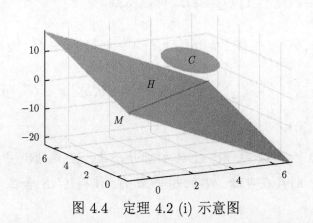

图 4.4　定理 4.2 (i) 示意图

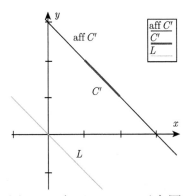

图 4.5　定理 4.2 (ii) 示意图

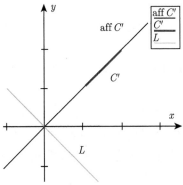

图 4.6　定理 4.2 (iii) 示意图

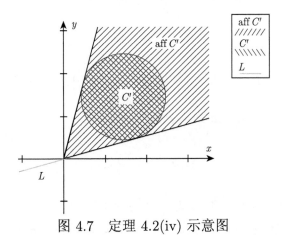

图 4.7　定理 4.2(iv) 示意图

定理 4.3　设 C_1, C_2 是 $\mathbb{R}^n$ 中的非空凸集, 则存在一个超平面正常分离 C_1, C_2 的充要条件是 $\mathrm{ri}\,C_1 \cap \mathrm{ri}\,C_2 = \varnothing$.

证明 设 $C = C_1 - C_2$, 则 C 是凸集. 由 [6, 推论 6.8] 知

$$\mathrm{ri}C = \mathrm{ri}C_1 - \mathrm{ri}C_2,$$

因此,

$$0 \notin C \Leftrightarrow \mathrm{ri}C_1 \cap \mathrm{ri}C_2 = \varnothing.$$

若 $0 \notin \mathrm{ri}C$, 由定理 4.2知, 存在超平面 H, 令 $M = \{0\} \subset H$, 使得 $\mathrm{ri}C$ 包含在以 H 为边界的开半空间 S 中, $\mathrm{ri}C \subset S$. 这样, $C \subset \mathrm{cl}S$, 即 C 包含于闭半空间中. 因此, 若 $0 \notin \mathrm{ri}C$, 存在向量 b, 使得 $H = \{x \mid \langle x, b \rangle = 0\}$, 且

$$0 \leqslant \inf_{x \in C} \langle x, b \rangle = \inf_{x_1 \in C_1} \langle x_1, b \rangle - \sup_{x_2 \in C_2} \langle x_2, b \rangle, \tag{4.1}$$

$$0 < \sup_{x \in C} \langle x, b \rangle = \sup_{x_1 \in C_1} \langle x_1, b \rangle - \inf_{x_2 \in C_2} \langle x_2, b \rangle. \tag{4.2}$$

因此, H 正常分离 C_1 与 C_2.

反之, 若存在一个超平面 H 正常分离 C_1, C_2. 记 $C = C_1 - C_2$. 来证 $0 \notin \mathrm{ri}C$. 由定理 4.1知, 存在向量 b 满足上面的 (4.1) 和 (4.2). 由 (4.1) 知

$$\inf_{x_1 \in C_1} \langle x_1, b \rangle - \sup_{x_2 \in C_2} \langle x_2, b \rangle = \inf_{x \in C} \langle x, b \rangle \geqslant 0,$$

则 $C \subset D = \{x \mid \langle x, b \rangle \geqslant 0\}$, 由 (4.2) 知

$$\sup_{x_1 \in C_1} \langle x_1, b \rangle - \inf_{x_2 \in C_2} \langle x_2, b \rangle = \sup_{x \in C} \langle x, b \rangle > 0,$$

则 $\mathrm{ri}D \cap C \neq \varnothing$. 由 [6, 推论 6.6] 知

$$\mathrm{ri}C \subset \mathrm{ri}D = \{x \mid \langle x, b \rangle > 0\}.$$

而 $0 \notin \mathrm{ri}D$, 故 $0 \notin \mathrm{ri}C$. 即 $\mathrm{ri}C_1 \cap \mathrm{ri}C_2 = \varnothing$. □

例子 4.5 集合 $C_1 = \{(\xi_1, \xi_2) \mid \xi_1 > 0,\ \xi_2 \geqslant \xi_1^{-1}\}, C_2 = \{(\xi_1, 0) \mid \xi_1 \geqslant 0,\ \xi_2 = 0\}$. $C_1 \cap C_2 = \varnothing$, C_1, C_2 是闭凸集. 分离 C_1, C_2 的超平面是 ξ_1 轴, $C_2 \subset \xi_1$ 轴, 如图 4.8所示.

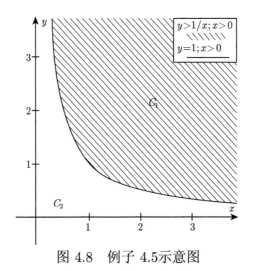

图 4.8　例子 4.5示意图

注 4.2　上面这个例子说明不相交的两个闭凸集不一定可以强分离.

定理 4.4　设 C_1, C_2 是 $\mathbb{R}^n$ 中的非空凸集, 存在一个超平面强分离 C_1, C_2 的充要条件是

$$\inf\{\|x_1 - x_2\| \mid x_1 \in C_1,\ x_2 \in C_2\} > 0,$$

即 $0 \notin \mathrm{cl}(C_1 - C_2)$.

证明　若 C_1, C_2 可强分离, 由定义, 存在 $\varepsilon > 0$, 使得

$$(C_1 + \varepsilon B) \cap (C_2 + \varepsilon B) = \varnothing,$$

且 $C_1 + \varepsilon B$ 与 $C_2 + \varepsilon B$ 分属两个相反的闭半空间. 取 $\varepsilon' = \dfrac{\varepsilon}{2}$, 则 $(C_1 + \varepsilon' B) + \varepsilon' B$ 与 $(C_2 + \varepsilon' B) + \varepsilon' B$ 分别属于两个相反的开半空间. 所以 C_1, C_2 可强分离等价于存在 $\varepsilon > 0$, 使得

$$(C_1 + \varepsilon B) \cap (C_2 + \varepsilon B) = \varnothing.$$

这等价于

$$0 \notin (C_1 + \varepsilon B) - (C_2 + \varepsilon B) = C_1 - C_2 - 2\varepsilon B,$$

即 $2\varepsilon B \cap (C_1 - C_2) = \varnothing$. 故证得下确界. 因此, $0 \notin \mathrm{cl}(C_1 - C_2)$.　　□

推论 4.1   设 C_1, C_2 是 $\mathbb{R}^n$ 中的非空闭凸集, $C_1 \cap C_2 = \varnothing$, 且 C_1 与 C_2 没有公共的非零的回收方向, 则存在一个超平面强分离 C_1, C_2.

证明   由 $C_1 \cap C_2 = \varnothing$ 有 $0 \notin C_1 - C_2$, 而 $-0^+ C_1 \cap 0^+(-C_2) = \varnothing$ 满足推论 2.2 的条件, 故有

$$\mathrm{cl}(C_1 - C_2) = C_1 - C_2.$$

因此, $0 \notin \mathrm{cl}(C_1 - C_2)$. 由定理 4.4知, 存在一个超平面强分离 C_1, C_2. $\square$

例子 4.6   给出满足 $0^+ C_1 \cap 0^+ C_2 = \varnothing$ 的例子,

$$C_1 = \left\{ (x, y) \mid y > \frac{1}{x} \right\}, \quad C_2 = \{(x, y) \mid y < x, \ x < 0\}.$$

如图 4.9所示. 由推论 4.1, H(即为 y 轴) 可以强分离 C_1 与 C_2.

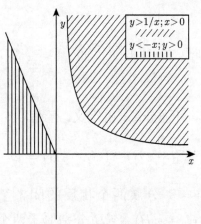

图 4.9   例子 4.6示意图

例子 4.7   给出满足 $0^+ C_1 \cap 0^+ C_2 \neq \varnothing$ 的例子, 如集合

$$C_1 = \left\{ (x, y) \mid y > \frac{1}{x} \right\}, \quad C_2 = \{(x, y) \mid x < 0\}.$$

如图 4.10所示. 由推论 4.1, H 不可以强分离 C_1 与 C_2.

推论 4.2   设 C_1, C_2 是 $\mathbb{R}^n$ 中的非空凸集, $C_1 \cap C_2 = \varnothing$. 若 C_1, C_2 中有一个有界, 则存在一个超平面可以强分离 C_1, C_2.

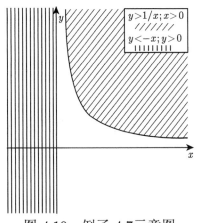

图 4.10 例子 4.7示意图

证明 设 C_1 有界, 则

$$0^+C_1 = \{0\}, \quad \mathrm{cl}(C_1 - C_2) = C_1 - C_2, \quad 0^+C_1 \cap 0^+C_2 = \varnothing.$$

应用推论 4.1, 结论成立.   □

4.2 关于凸集的结论

定理 4.5 *闭凸集 C 是所有包含 C 的闭半空间的交.*

证明 $\mathbb{R}^n$ 中的非空真子集 C, 对任意 $a \notin C$, 设 $C_1 = \{a\}$, $C_2 = C$, 由定理 4.4知, 存在超平面 H 可以强分离 C_1 与 C, 使得与 H 相关的一个闭半空间包含 C 但不包含 C_1. 若存在 $x_0 \notin C$ 但是属于全部包含 C 的闭半空间, 那么由定理 4.4知, 总可以找到一个包含 C 的闭半空间不包含 x_0, 这与 C 属于全部包含 C 的闭半空间矛盾. 因此, 这些闭半空间的交只有 C.   □

推论 4.3 设 S 是 $\mathbb{R}^n$ 中的任一子空间, 则 $\mathrm{cl}(\mathrm{conv}S)$ 是所有包含 S 的闭半空间的交.

证明 一个闭半空间包含 $\mathrm{cl}(\mathrm{conv}S)$ 当且仅当它包含 $\mathrm{conv}S$. 由于闭半空间也是一个凸集, 而 $\mathrm{conv}S$ 是包含 S 最小的凸集, 则此闭半空间包含 $\mathrm{conv}S$ 当且仅当它包含 S.   □

推论 4.4　设 C 是 $\mathbb{R}^n$ 中的凸子集, $C \neq \mathbb{R}^n$, 则存在一个包含 C 的闭半空间, 即存在 b, 使得线性函数 $\langle \cdot, b \rangle$ 在 C 的上方有界.

证明　对任意的 $x \in C$, 有 $x \in \mathrm{cl}\,C$. 对 $\mathrm{cl}\,C$ 应用定理 4.5 可知, 存在 $b \in \mathbb{R}^n$, $\beta \in \mathbb{R}$, 使得 $\mathrm{cl}\,C$ 完全包含在超平面 $H = \{x \mid \langle x, b \rangle = \beta\}$ 所确定的某一个闭半空间中. 换句话说, 对任意的 $x \in \mathrm{cl}\,C$, 有

$$\langle x, b \rangle \leqslant \beta.$$

因此

$$\langle x, b \rangle \leqslant \beta, \quad \forall\, x \in C.$$

即线性函数 $\langle \cdot, b \rangle$ 在 C 的上方有界.　　　　　　　　　　　　□

4.3　支持超平面

几何上的相切概念是最重要的分析工具之一, 曲线的切线、曲面的切平面定义通常与求导数有关. 在凸分析中, 相切一般是从几何上关于分离定义的, 用支持超平面、半空间来表达.

定义 4.4　设 C 是 $\mathbb{R}^n$ 中的凸集, 包含 C 且有 C 中一个点在其边界上的闭半空间称为 C 的支持半空间.

定义 4.5　满足下面条件的超平面:

$$H = \{x \mid \langle x, b \rangle = \beta\}, \quad b \neq 0,\, \forall\, x \in C,\, \langle x, b \rangle \leqslant \beta,$$

且至少有一个 $x \in C$ 使得 $\langle x, b \rangle = \beta$, 称为 C 的支持超平面.

例子 4.8　给出 H 是支持超平面的例子,

$$C = \{(x, y) \mid (x-1)^2 + y^2 \leqslant 1\}.$$

C 的一个支持超平面 H 是 y 轴, 支持半空间是包含 y 轴在内的右边平面, 如图 4.11 所示.

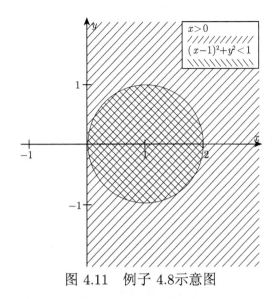

图 4.11 例子 4.8示意图

例子 4.9 给出 H 是支持超平面的例子,

$$C = \{(x,y) \mid y \leqslant -x + 1,\ x \geqslant 0,\ y \geqslant 0\}.$$

C 的一个支持超平面 H 是 y 轴, 支持半空间是包含 y 轴在内的右边平面, 如图 4.12所示.

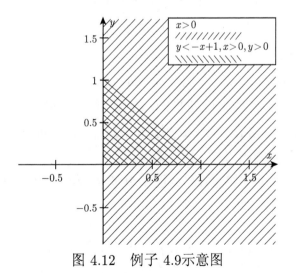

图 4.12 例子 4.9示意图

由以上定义可以看出, C 的支持超平面与一个线性函数有关, 这个线性函数能在 C 上达到最大值. 实际上, 我们有如下结论: 过 C 中任

一点 a 的支持超平面和与 C 在 a 点正交的向量 b 一致.

定理 4.6 设 C 是 $\mathbb{R}^n$ 中的凸集. 超平面 $H = \{x \mid \langle x, b \rangle = \beta\}$, $b \neq 0$ 为 C 在 $a \in C$ 点的支持超平面, 则 b 是 C 在 a 点的法向量. 反之结论成立.

证明   由于 H 为 C 在 a 点的支持超平面, 有对任意的 $x \in C$, $\langle x, b \rangle \leqslant \beta$, 且 $\langle a, b \rangle = \beta$. 则对任意的 $x \in C$, 有

$$\langle x - a, b \rangle \leqslant 0.$$

由法向量的定义, 则 b 是 C 在 a 点的法向量. 反之, 结论也成立.   □

定义 4.6   如果 C 不是 n 维的, 那么 $\mathrm{aff}C \neq \mathbb{R}^n$, 我们总能将 $\mathrm{aff}C$ 扩充成一个包含 C 的超平面. 这样包含 C 本身的支持超平面是平凡的支持超平面. 一个集合的非平凡支持超平面指该支持超平面不能完全包含 C.

通常, 我们一般只考虑集合的非平凡支持超平面的情况.

定理 4.7   设 C 是一个凸集, D 是 C 的一个非空凸子集. 则存在 C 的一个包含 D 的非平凡支持超平面的充要条件是 $D \cap \mathrm{ri}C = \varnothing$.

证明   首先证明 C 的包含 D 的非平凡支持超平面 H 即是正常分离 C 与 D 的超平面.

(必要性) 因为 $D \subset C$, 对于 C 的包含 D 的非平凡支持超平面 H, 由于 H 是 C 的非平凡支持超平面, 故 H 不完全包含 C. 即 C 与 D 不同时被 H 包含, 且落在关于 H 相反的两个闭半空间中. 因此 H 也是正常分离 C 与 D 的超平面.

(充分性)   相反, 如果 H 是正常分离 C 与 D 的超平面, 由此知定理 4.1 (i) (ii) 成立. 即

$$\sup\{\langle x, b \rangle \mid x \in C\} \geqslant \inf\{\langle x, b \rangle \mid x \in C\}$$
$$\geqslant \sup\{\langle x, b \rangle \mid x \in D\}$$
$$\geqslant \inf\{\langle x, b \rangle \mid x \in D\},$$

且两侧不等号不同时取等号. 由 $D \subset C$ 可知

$$\inf\{\langle x, b\rangle \mid x \in D\} \geqslant \inf\{\langle x, b\rangle \mid x \in C\}.$$

故得到

$$\sup\{\langle x, b\rangle \mid x \in C\} > \inf\{\langle x, b\rangle \mid x \in C\} = \sup\{\langle x, b\rangle \mid x \in D\}$$
$$= \inf\{\langle x, b\rangle \mid x \in D\}.$$

这说明 D 被 H 包含, C 不完全含于 H, 即 H 是 C 的包含 D 的非平凡支持超平面, 则 C 的包含 D 的非平凡支持超平面 H 即是正常分离 C 与 D 的超平面.

由定理 4.3知, H 正常分离 C 与 D 当且仅当 $\mathrm{ri}C \cap \mathrm{ri}D = \varnothing$. 下证 $\mathrm{ri}C \cap \mathrm{ri}D = \varnothing$ 当且仅当 $D \cap \mathrm{ri}C = \varnothing$.

由 $\mathrm{ri}C \cap \mathrm{ri}D = \varnothing$ 知, $\mathrm{ri}C$ 不含于 $\mathrm{ri}D$. 结合 $D \subset C \subset \mathrm{cl}C$, 由 [6, 推论 6.6] 的逆否命题知, 对任意 $x \in D$, 有 $x \notin \mathrm{ri}C$, 这等价于 $D \cap \mathrm{ri}C = \varnothing$. 反之, 若 $D \cap \mathrm{ri}C = \varnothing$, 则显然有 $D \cap \mathrm{ri}C = \varnothing$. 结论得证. □

推论 4.5 一个凸集在它每个边界点处都有一个非零法向量.

证明 对任意的 $a \in \mathrm{cl}C \backslash \mathrm{ri}C$, 令 $D = \{a\}$, 则 $D \cap \mathrm{ri}C = \varnothing$. 由定理 4.7可得存在一个包含 C 的非平凡超平面. 由定理 4.6知, 在 a 点存在非零法向量. □

推论 4.6 C 是凸集, $x \in C$ 是 C 的相对边界上的点当且仅当存在 C 上的一个非常数线性函数 h, 在 x 处达到在 C 上的最大值.

证明 记 H 是 C 在 a 的支持超平面, 即

$$H = \{x \mid \langle x, b\rangle = \beta\}, \quad b \neq 0.$$

且对任意的 $x \in C$,

$$\langle x, b\rangle \leqslant \beta,$$

且至少有一个 $x \in C$ 使得

$$\langle x, b\rangle = \beta.$$

这等价于对任意的 $x \in C\backslash \mathrm{ri}C$, 存在一个非常数线性函数 $h = \langle \cdot, b\rangle$, 使得

$$h(x) = \max_{x \in C}\langle x, b\rangle.$$ □

4.4   凸锥的情形

定理 4.8   设 C_1, C_2 是 $\mathrm{I\!R}^n$ 上的非空子集, 至少有一个是锥. 若存在正常分离 C_1, C_2 的超平面, 则存在正常分离 C_1, C_2 的过原点的超平面.

证明   如图 4.13所示, 不妨设 C_2 是一个锥, 若 C_1, C_2 可正常分离, 则存在向量 b 满足定理 4.1中的条件, 令

$$\beta = \sup\{\langle x, b\rangle \mid x \in C_2\},$$

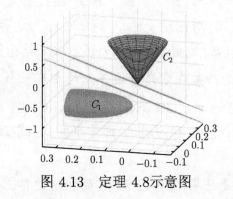

图 4.13   定理 4.8示意图

则

$$H = \{x \mid \langle x, b\rangle = \beta\}$$

是正常分离 C_1, C_2 的超平面. 因为 C_2 是锥, 所以对任意 $x \in C_2, \lambda > 0$, 有

$$\lambda\langle x, b\rangle = \langle \lambda x, b\rangle \leqslant \beta < \infty.$$

令 $\lambda \to +\infty$. 如果 $\langle x, b\rangle > 0$, 则有 $\lambda\langle x, b\rangle \to \infty$, 这与 $\beta < \infty$ 矛盾. 故 $\langle x, b\rangle \leqslant 0$. 令 $\lambda \to 0+$, 则有 $\beta \geqslant 0$. 由 $\langle x, b\rangle = \beta$ 可得 $\langle x, b\rangle = \beta = 0$, 即 $H = \{x \mid \langle x, b\rangle = 0\}$. 而 $b \neq 0$, 则有 $0 \in H$.   □

定义 4.7 若一个半空间满足原点在它的边界上, 那么它是齐次半空间.

推论 4.7 $\mathbb{R}^n$ 中一个非空闭凸锥 C 是包含 C 的齐次闭半空间的交.

证明 取 $C_1 = \{a\}$, $C_2 = C \neq \varnothing$. 对任意 $a \notin C$, $a \in \mathbb{R}^n$, 则

$$\mathrm{ri}C_1 \cap \mathrm{ri}C_2 = \varnothing.$$

由定理 4.3知, 存在超平面可正常分离 C_1, C_2. 由定理 4.8, 存在可以正常分离 C_1, C 的过原点的超平面 H, 则 C 包含在以 H 为边界的齐次闭半空间 S 中, 且 C_1 不包含在 S 中. □

推论 4.8 设 S 是 $\mathbb{R}^n$ 的任一子集, K 是由 S 生成的凸锥的闭包, 则 K 是所有包含 S 的齐次闭半空间的交.

证明 设 K_1 是包含 S 的齐次闭半空间的交, K_2 是包含 K 的齐次闭半空间的交. 下证 $K_1 = K_2$. 由 $S \subset K$ 得 $K_1 \subset K_2$. 由推论 4.7知 $K = K_2$. 一个齐次闭半空间是一个包含原点的闭凸锥, 而 K 是包含 S 的最小闭凸锥, 故有 $K_2 = K \subset K_1$. 综上 $K_1 = K_2$. □

推论 4.9 设 K 是 $\mathbb{R}^n$ 上的凸锥, $K \neq \mathbb{R}^n$, 则 $\mathbb{R}^n$ 上的某个齐次闭半空间包含 K. 也就是说, 存在某个向量 $b \in \mathbb{R}^n$, $b \neq 0$, 满足

$$\langle x, b \rangle \leqslant 0, \quad \forall\, x \in K.$$

证明 $K \neq \mathbb{R}^n$, 则 $\mathrm{cl}K \neq \mathbb{R}^n$. 由推论 4.7知, $x \in \mathrm{cl}K$ 等价于 x 属于任一包含 $\mathrm{cl}K$ 的齐次闭半空间. 因此包含 $\mathrm{cl}K$ 的闭半空间非空. □

注 4.3 本章分离定理是约束优化最优性条件的基础[5, 11, 13], 在机器学习的分类问题中也有重要应用[3].

4.5 练 习 题

练习 4.1 举例说明两个集合的分离、正常分离、强分离及严格分离.

练习 4.2 举例说明凸锥的支持半空间.

第 5 章 凸函数的共轭

5.1 共轭函数的定义

定义 5.1 一族平面直线 (或曲线) 的 "包络" 是指一条与这族直线 (或曲线) 中任意一条都相切的曲线.

例子 5.1 直线族 $y = Cx - \dfrac{1}{4}C^2$ 的包络为 $y = x^2$, 如图 5.1所示.

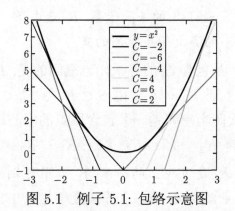

图 5.1 例子 5.1: 包络示意图

一个经典的曲线或锥形的曲面, 可看作点的轨迹, 也可看作切线的包络. 回顾定理 4.5, $\mathbb{R}^n$ 中的闭凸集是包含它的闭半空间的交. 定理 4.5包含了很多形式, 如凸函数的共轭、凸锥的极性或其他凸集类的极性或函数的极性、凸集及其支撑函数的对应, 等等. 共轭函数的定义来源于这样一个事实: $\mathbb{R}^n$ 上的正常闭凸函数的上图是 $\mathbb{R}^{n+1}$ 中包含它的闭半空间的交. 第一步是把这个几何结论转换成函数语言. $\mathbb{R}^{n+1}$ 中的超平面可以表示成 $\mathbb{R}^{n+1}$ 上线性函数的形式, 可写成

$$(x, \mu) \rightarrow \langle x, b \rangle + \mu \beta_0, \quad b \in \mathbb{R}^n, \beta_0 \in \mathbb{R}.$$

因为表示成为数乘倍的非零线性函数产生相同的超平面, 所以只需关心

$\beta_0 = 0$ 或 $\beta_0 = -1$ 的情况. $\beta_0 = 0$ 的超平面是

$$\{(x,\mu) \mid \langle x,b \rangle = \beta\}, \quad 0 \neq b \in \mathbb{R}^n, \beta \in \mathbb{R},$$

我们称这些为垂直的超平面. $\beta_0 = -1$ 的超平面是

$$\{(x,\mu) \mid \langle x,b \rangle - \mu = \beta\}, \quad b \in \mathbb{R}^n, \beta \in \mathbb{R},$$

这些是 $\mathbb{R}^n$ 上仿射函数 $h(x) = \langle x,b \rangle - \beta$ 的图. $\mathbb{R}^{n+1}$ 中每个闭半平面可写成下面的形式:

$$\begin{cases} \{(x,\mu) \mid \langle x,b \rangle \leqslant \beta\} = \{(x,\mu) \mid h(x) \leqslant 0\}, & b \neq 0, & (1) \\ \{(x,\mu) \mid \mu \geqslant \langle x,b \rangle - \beta\} = \text{epi} h, & & (2) \\ \{(x,\mu) \mid \mu \leqslant \langle x,b \rangle - \beta\}, & & (3) \end{cases} \quad (5.1)$$

我们称以上三种类型分别是分别是垂直的、上方的和下方的超平面.

定理 5.1 闭凸函数 f 是所有满足 $h \leqslant f$ 的仿射函数族的逐点上确界.

证明 若 f 不是正常的, 则定理平凡成立 (可由非正常凸函数的闭运算的定义得到). 现假设 f 是正常的. 由于 f 是闭凸函数, epi$f$ 是闭凸集. 由定理 4.5 知, epi$f$ 是 $\mathbb{R}^{n+1}$ 中包含它的闭半空间的交. 当然, 下半空间不会包含 epi$f$ 这样的集合, 所以只有垂直的超平面和上方的闭半空间才涉及交集. 涉及的半空间不可能全是垂直的半空间. 因为若全是垂直的半空间, 则意味着 epi$f$ 是 $\mathbb{R}^{n+1}$ 中垂线的并, 这与正常性矛盾. 包含 epi$f$ 的上闭半空间刚好是满足 $h \leqslant f$ 的仿射函数 h 的上图. 它们的交是这样的函数 h 的逐点上确界的上图. 因此要证明这个定理, 只需证明包含 epi$f$ 的垂直的和上方的闭半空间的交等同于包含 epi$f$ 的上半闭空间的交.

假设 $V = \{(x,\mu) \mid 0 \geqslant \langle x,b_1 \rangle - \beta_1 = h_1(x)\}$ 是包含 epi$f$ 的垂半空间, 且 $(x_0,\mu_0) \notin V$. 只需证存在一个仿射函数 h, 使得 $h \leqslant f$, 且 $\mu_0 < h(x_0)$. (当 $n = 1$ 时, 如图 5.2所示.)

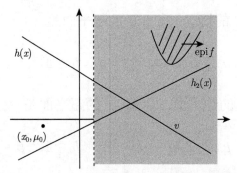

图 5.2　$n = 1$ 时定理 5.1的部分示意图

我们知道至少存在一个仿射函数 h_2, 使得 $\mathrm{epi} h_2 \supset \mathrm{epi} f$, 也就是说 $h_2 \leqslant f$. 对每个 $x \in \mathrm{dom} f$, 有 $h_1(x) \leqslant 0$ 且 $h_2(x) \leqslant f(x)$, 因此对任意的 $\lambda \geqslant 0$,

$$\lambda h_1(x) + h_2(x) \leqslant f(x).$$

当 $x \notin \mathrm{dom} f$ 时, 上述不等式平凡成立, 因为 $f(x) = +\infty$. 因此, 如果我们固定 $\lambda \geqslant 0$, 定义 h 为

$$h(x) = \lambda h_1(x) + h_2(x) = \langle x, \lambda b_1 + b_2 \rangle - (\lambda \beta_1 + \beta_2).$$

因此有 $h \leqslant f$. 注意到 (x_0, μ_0) 不在 V 中, 故 $h_1(x_0) > 0$. 一个充分大的 λ 将会保证 $h(x_0) \geqslant \mu_0$. 即对于垂直的半空间, 可以用某个上半空间代替.　　　　　　　　　　　　　　　　　　　　　　　　　　　　□

推论 5.1　若 f 是 $\mathbb{R}^n \to [-\infty, \infty]$ 的任一函数, 则 $\mathrm{cl}(\mathrm{conv} f)$ 是 $\mathbb{R}^n$ 上所有 $h \leqslant f$ 的仿射函数族的逐点上确界.

证明　　因为 $\mathrm{cl}(\mathrm{conv} f)$ 是由 f 优超的最大闭凸函数, 满足 $h \leqslant \mathrm{cl}(\mathrm{conv} f)$ 的仿射函数 h 与满足 $h \leqslant f$ 的仿射函数 h 是一样的 [①]. 所以 $\mathrm{cl}(\mathrm{conv} f)$ 是 $\mathbb{R}^n$ 上所有 $h \leqslant f$ 的仿射函数族的逐点上确界.　　　　　　　□

---

① $(\Rightarrow)$ 对任意函数 f, 有 $\mathrm{cl} f \leqslant f$ 且 $\mathrm{conv} f \leqslant f$, 即 $\mathrm{cl}(\mathrm{conv} f) \leqslant f$. 故对任意的 $h \leqslant \mathrm{cl}(\mathrm{conv} f)$, 有 $h \leqslant f$. $(\Leftarrow)$ 对 $h \leqslant f$, $\mathrm{cl}(\mathrm{conv} f)$ 是由 f 优超的最大闭凸函数, 所以有 $h \leqslant \mathrm{cl}(\mathrm{conv} f)$.

推论 5.2 给定 $\mathbb{R}^n$ 上的任一正常凸函数 f, 存在 $b \in \mathbb{R}^n$, $\beta \in \mathbb{R}$, 使得对每个 x, 有

$$f(x) \geqslant \langle x, b \rangle - \beta.$$

注 5.1 定理 5.1 包含了凸集情形下相应的定理, 即定理 4.5, 它是一个特殊情形. 实际上, 若 f 是凸集 C 的指示函数, $h(x) = \langle x, b \rangle - \beta$, 我们有 $h \leqslant f$ 当且仅当对每个 $x \in C$, 有 $h(x) \leqslant 0$, 即当且仅当

$$C \subset \{x \mid \langle x, b \rangle \leqslant \beta\}.$$

令 f 是 $\mathbb{R}^n$ 上的任一闭凸函数. 由定理 5.1 知, 有一种描述 f 的对偶方式: F^* 包含 $\mathbb{R}^{n+1}$ 中所有的 (x^*, μ^*), 使得仿射函数 $h(x) = \langle x, x^* \rangle - \mu^*$ 是被 f 优超的. 对每个 x,

$$\langle x, x^* \rangle - \mu^* \leqslant f(x), \ \forall \ x \in \mathbb{R}^n \ \Rightarrow \ \mu^* \geqslant \langle x, x^* \rangle - f(x), \ \forall \ x \in \mathbb{R}^n.$$

因此有 $h(x) \leqslant f(x)$ 当且仅当

$$\mu^* \geqslant \sup\{\langle x, x^* \rangle - f(x) | x \in \mathbb{R}^n\}.$$

因此 F^* 实际上是 $\mathbb{R}^n$ 上函数 f^* 的上图, 其中

$$f^*(x^*) = \sup_x \{\langle x, x^* \rangle - f(x)\} = -\inf_x \{f(x) - \langle x, x^* \rangle\},$$

f^* 叫做 f 的共轭. 它实际上是满足 $(x, \mu) \in F = \mathrm{epi}f$ 的仿射函数 $g(x^*) = \langle x, x^* \rangle - \mu$ 的逐点上确界. 因此 f^* 是凸函数, 实际上是闭凸函数.

注 5.2 因为 f 是满足 $(x^*, \mu^*) \in F^* = \mathrm{epi}f^*$ 的仿射函数

$$h(x) = \langle x, x^* \rangle - \mu^*$$

的逐点上确界, 因此有

$$f(x) = \sup_{x^*} \{(x, x^*) - f^*(x^*)\} = -\inf_{x^*} \{f^*(x^*) - \langle x, x^* \rangle\},$$

也就是 f^* 的共轭是 $f^{**}=f$, 即

$$f^{**}=f.$$

注 5.3　常函数 $+\infty$ 和 $-\infty$ 互为共轭, 因为它们是仅有的不正常闭凸函数, 其他所有的共轭函数对肯定是正常的.

注 5.4　$\mathbb{R}^n \to [-\infty,+\infty]$ 的任一函数 f 的共轭 f^* 都可由上面的公式定义. 因为 f^* 简单地描述了由 f 优超的仿射函数, 则 f^* 与 $\mathrm{cl}(\mathrm{conv}f)$ 的共轭一样 (推论 5.1), 即

$$f^{**}=\mathrm{cl}(\mathrm{conv}f).$$

定理 5.2　令 f 是凸函数, 则共轭函数 f^* 是闭凸函数, 正常当且仅当 f 是正常的. 此外, $(\mathrm{cl}f)^*=f^*$ 和 $f^{**}=\mathrm{cl}f$.

证明　f^* 凸性显然, 由前面的讨论知 $F^*=\mathrm{epi}f^*$ 闭. f^* 为正常当且仅当 f 是正常的,

$$f^*=(\mathrm{cl}(\mathrm{conv})f)^*=(\mathrm{cl}f)^*,\quad f^{**}=\mathrm{cl}f. \qquad\square$$

推论 5.3　共轭运算 $f \to f^*$ 诱导了 $\mathbb{R}^n$ 上所有正常闭凸函数类的对称的、一对一的对应.

推论 5.4　$\mathbb{R}^n$ 上的任一凸函数 f, 有

$$f^*(x^*)=\sup\{\langle x,x^*\rangle - f(x) \mid x \in \mathrm{ri}(\mathrm{dom}f)\}.$$

证明　由上确界得到 $g^*(x^*)$, 其中

$$g=\begin{cases}f, & x\in\mathrm{ri}(\mathrm{dom}f),\\ +\infty, & \text{其他},\end{cases}$$

有 $\mathrm{cl}g=\mathrm{cl}f$ [见 6, 推论 7.7], 因此由定理 5.2 知 $g^*=f^*$. $\qquad\square$

性质 5.1　共轭使不等式反向: 若 $f_1 \leqslant f_2$, 则 $f_1^* \geqslant f_2^*$.

证明   因为 $f_1 \leqslant f_2$, 故有

$$f_1^*(x^*) = \sup_x\{\langle x, x^*\rangle - f_1(x)\} \geqslant \sup_x\{\langle x, x^*\rangle - f_2(x)\} = f_2^*(x^*),$$

即 $f_1^* \geqslant f_2^*$.   □

共轭理论可认为是满足不等式 $\langle x, y\rangle \leqslant f(x) + g(y)$, 对任意的 x, 对任意的 y 的最佳不等式的理论, 其中 f, g 是 $\mathbb{R}^n \to (-\infty, \infty)$ 的函数. 记 W 为最佳函数对的集合, 即那些使不等式不能再变紧的函数对. 这些函数对满足, 如果

$$(f', g') \in W, \quad f' \leqslant f, \quad g' \leqslant g,$$

那么

$$f' = f, \quad g' = g.$$

显然 $(f, g) \in W$ 当且仅当

$$g(y) \geqslant \sup_x\{\langle x, y\rangle - f(x)\} = f^*(y), \quad \forall\, y,$$

或者

$$f(x) \geqslant \sup_x\{\langle x, y\rangle - g(y)\} = g^*(y), \quad \forall\, x.$$

因此在 W 中, 最佳函数对是那些精准满足

$$g = f^*, \quad f = g^*$$

的函数对. 最佳不等式对应相互共轭的正常闭凸函数对. 特别地, 对任意的 x, 对任意的 x^*, 不等式

$$\langle x, x^*\rangle \leqslant f(x) + f^*(x^*)$$

对任意的正常凸函数 f 和它的共轭 f^* 成立. 我们将上述关系叫做 Fenchel 不等式.

5.2   共轭函数的例子

下面是共轭函数的一些例子.

例子 5.2   考虑正常闭凸函数 $f(x) = e^x$, $x \in \mathbb{R}$. 由定义,

$$f^*(x^*) = \sup_x \{xx^* - e^x\}, \quad \forall x^* \in \mathbb{R}.$$

当 $x^* < 0$ 时, 则 $xx^* - e^x$ 可以任意大, 即 $f^*(x^*) = +\infty$;

当 $x^* > 0$ 时, $x^* = e^x$ 时最大, 最大值为 $x^* \log x^* - x^*$;

当 $x^* = 0$ 时, 结果为 0.

因此指数函数的共轭函数为

$$f^*(x^*) = \begin{cases} x^* \log x^* - x^*, & \text{如果} x^* > 0, \\ 0, & \text{如果} x^* = 0, \\ +\infty, & \text{如果} x^* < 0. \end{cases}$$

可注意到当 $x^* \downarrow 0$ 时, 由 [6, 推论 7.10], 有

$$f^*(x^*) = \lim_{x^* \downarrow 0} x^* \log x^* - x^*.$$

f^* 的共轭为

$$\sup_{x^*} \{xx^* - f^*(x^*)\} = \sup\{xx^* - x^* \log x^* + x^* \mid x^* > 0\}.$$

由计算可得, 这个上确界是 e^x. 另外, 由推论 5.3 也可知 $f^{**} = f$.

从上面的例子中可以看出, 一个处处有限的函数, 它的共轭不一定处处有限. 下面的例子是 $\mathbb{R}^n$ 上的正常闭凸函数的共轭函数对, 其中 $(1/p) + (1/q) = 1$.

例子 5.3

$$f(x) = (1/p)|x|^p, \quad 1 < p < +\infty,$$

$$f^*(x^*) = (1/q)|x^*|^q, \quad 1 < q < +\infty.$$

推导如下. 由定义知

$$f^*(x^*) = \sup_x \left\{ xx^* - \frac{1}{p}|x|^p \right\}.$$

当 $x^* \geqslant 0$ 时, 若 $x > 0$, 对 $xx^* - \frac{1}{p}|x|^p$ 求导, 有

$$x^* - \frac{1}{p} \cdot px^{p-1} = 0.$$

解得 $x^* = x^{p-1}$, 即

$$x = (x^*)^{\frac{1}{p-1}}.$$

当 $0 < x < (x^*)^{\frac{1}{p-1}}$ 时, $xx^* - \frac{1}{p}|x|^p$ 的导数为

$$x^* - \frac{1}{p} \cdot px^{p-1} > 0.$$

同样, 当 $x > (x^*)^{\frac{1}{p-1}}$ 时,

$$x^* - \frac{1}{p} \cdot px^{p-1} < 0.$$

所以 $x = (x^*)^{\frac{1}{p-1}}$ 为最大值点.

$$\sup = \left(1 - \frac{1}{p} \right) x^p = \frac{1}{q}(x^*)^{\frac{p}{p-1}} = \frac{1}{q}x^{*q}.$$

对 $x < 0$ 时, 同样解得 $x^* = x^{p-1}$, 无解 (因为 x, x^* 同号).
同理, 当 $x^* < 0$ 时, 有 $\sup = \frac{1}{q}(-x^*)^q$. 综上,

$$f^*(x^*) = (1/q)|x^*|^q, \quad 1 < q < +\infty$$

例子 5.4

$$f(x) = \begin{cases} -(1/p)x^p, & x \geqslant 0, 0 < p < 1, \\ +\infty, & x < 0. \end{cases}$$

$$f^*(x^*) = \begin{cases} -(1/q)|x^*|^q, & x^* < 0, -\infty < q < 0, \\ +\infty, & \text{其他}. \end{cases}$$

推导过程如下. 由定义知

$$f^*(x^*) = \sup_x \{xx^* - f(x)\},$$

当 $x^* \geqslant 0$ 时, 取 $x > 0$ 充分大, 则 $f^*(x^*) = +\infty$. 当 $x^* < 0$ 时, 对 $x \geqslant 0$, 有上确界为

$$f^*(x^*) = \sup_x \left\{xx^* + \frac{1}{p}x^p\right\}.$$

对 $xx^* + \dfrac{1}{p}x^p$ 求导,

$$x^* + x^{p-1} = 0,$$

解得 $-x^* = x^{p-1}$, 即 $x = (-x^*)^{\frac{1}{p-1}}$. 当 $0 \leqslant x < (-x^*)^{\frac{1}{p-1}}$ 时, 有

$$x^* + x^{p-1} > 0.$$

当 $x > (-x^*)^{\frac{1}{p-1}}$ 时, 有

$$x^* + x^{p-1} < 0.$$

所以 $x = (-x^*)^{\frac{1}{p-1}}$ 为最大值点.

$$f^*(x^*) = \left(\frac{1}{p} - 1\right)x^p = -\frac{1}{q}(-x^*)^{\frac{p}{p-1}} = -\frac{1}{q}(-x^*)^q.$$

对 $x < 0$, 有 $f^*(x^*) = -\infty$. 所以当 $x^* < 0$ 时, 有

$$f^*(x^*) = -\frac{1}{q}(-x^*)^q = -\frac{1}{q}|x^*|^q.$$

例子 5.5

$$f(x) = \begin{cases} -(a^2 - x^2)^{1/2}, & |x| \leqslant a, a \geqslant 0, \\ +\infty, & \text{其他}. \end{cases}$$

$$f^*(x^*) = a(1 + x^{*2})^{1/2}.$$

注意到 $f^*(x^*) = \sup_x \{xx^* - f(x)\}$. 当 $|x| > a$ 时上确界取 $-\infty$. 所以当 $|x| \leqslant a$, $a \geqslant 0$ 时取到上确界. 此时

$$f^*(x^*) = \sup_x \{xx^* + (a^2 - x^2)^{1/2}\}.$$

对 $xx^* + (a^2 - x^2)^{1/2}$ 求导,

$$x^* + \frac{1}{2}(a^2 - x^2)^{\frac{-1}{2}}(-2x) = x^* - \frac{x}{\sqrt{a^2 - x^2}} = 0,$$

解得

$$x = \frac{ax^*}{\sqrt{x^{*2} + 1}}.$$

当 $|x| \leqslant a$, $a \geqslant 0$, 且 $x < \dfrac{ax^*}{\sqrt{x^{*2} + 1}}$ 时,

$$x^* - \frac{x}{\sqrt{a^2 - x^2}} > 0.$$

当 $|x| \leqslant a$, $a \geqslant 0$, 且 $x > \dfrac{ax^*}{\sqrt{x^{*2} + 1}}$ 时,

$$x^* - \frac{x}{\sqrt{a^2 - x^2}} < 0.$$

所以 $x = \dfrac{ax^*}{\sqrt{x^{*2} + 1}}$ 为最大值点. 将 x 代入 $f^*(x^*)$, 所以

$$f^*(x^*) = xx^* + (a^2 - x^2)^{1/2} = a(1 + x^{*2})^{1/2}.$$

例子 5.6

$$f(x) = \begin{cases} -1/2 - \log x, & x > 0, \\ +\infty, & \text{其他}. \end{cases}$$

$$f^*(x^*) = \begin{cases} -1/2 - \log(-x^*), & x^* < 0, \\ +\infty, & \text{其他}. \end{cases}$$

$f^*(x^*) = \sup\limits_{x}\{xx^* - f(x)\}$. 当 $x^* \geqslant 0$, 取 $x > 0$ 充分大, 则 $f^*(x^*) = +\infty$. 当 $x^* < 0$ 时, 若 $x \leqslant 0$, 则上确界为 $-\infty$. 所以当 $x > 0$ 时取到上确界. 此时

$$f^*(x^*) = \sup_{x}\left\{xx^* + \frac{1}{2} + \log x\right\}.$$

对 $xx^* + \dfrac{1}{2} + \log x$ 求导, 有

$$x^* + \frac{1}{x} = 0,$$

解得 $x = -\dfrac{1}{x^*}$. 当 $0 < x < -\dfrac{1}{x^*}$ 时,

$$x^* + \frac{1}{x} > 0.$$

当 $x > -\dfrac{1}{x^*}$ 时,

$$x^* + \frac{1}{x} < 0.$$

所以 $x = -\dfrac{1}{x^*}$ 为最大值点. 代入 $f^*(x^*)$, 有

$$f^*(x^*) = -1/2 - \log(-x^*).$$

例子 5.7 $\|\cdot\|_p$ 和 $\|\cdot\|_q$ 互为对偶范数, 它们与共轭函数的关系如下:

$$\langle x, y\rangle \leqslant \|x\|_p \|y\|_q.$$

记

$$B = \{y \mid \|y\|_q \leqslant 1\}.$$

当 $\|y\|_q \leqslant 1$ 时, $\langle x, y\rangle \leqslant \|x\|_p$,

$$\|x\|_p = \sup\{\langle x, y\rangle \mid \|y\|_q \leqslant 1\}.$$

同样,

$$\|y\|_q = \sup\{\langle x, y\rangle \mid \|x\|_p \leqslant 1\}.$$

$\|\cdot\|_p$ 和 $\|\cdot\|_q$ 互为对偶范数. $\|x\|_p$ 为 B 的支撑函数, $(\|x\|_p)^*$ 为 B 的示性函数.

最后一个例子中, 有 $f^*(x^*) = f(-x^*)$. 实际上, 有很多满足此等式的凸函数.

定理 5.3 等式 $f^* = f$ 更具约束性: 它在 $\mathbb{R}^n$ 上有唯一解, 即 $f = w$, 其中 $w(x) = \dfrac{1}{2}\langle x, x\rangle$.

证明 通过直接计算 w^*, 可看到 $w^* = w$. 另一方面, 若 f 是任一凸函数, 使得 $f^* = f$, 则 f 是正常的. 由 Fenchel 不等式有

$$\langle x, x\rangle \leqslant f(x) + f^*(x) = 2f(x).$$

记 $w(x) = \dfrac{1}{2}\langle x, x\rangle$, 因此 $f \geqslant w$. 也就有 $f^* \leqslant w^*$. 因为 $f^* = f$, 且 $w^* = w$, 肯定有 $f = w$. □

5.3 仿射函数的共轭

下面是另一共轭的例子. 考虑 f 是 $\mathbb{R}^n$ 的子空间 L 的示性函数, 即 $f(x) = \delta(x \mid L)$, 则

$$f^*(x^*) = \sup_x\{\langle x, x^*\rangle - \delta(x \mid L)\} = \sup\{\langle x, x^*\rangle \mid x \in L\},$$

当对于每个 $x \in L$, $\langle x, x^*\rangle = 0$ 时, 后一上确界是 0, 否则就为 $+\infty$. 因此 f^* 是正交补空间 $L^\perp$ 的示性函数, 即

$$f^*(x^*) = \delta(x^* \mid L^\perp).$$

$f^{**} = f$ 对应了 $L^{\perp\perp} = L$.

定义 5.2 正常凸函数 f 满足 $\mathrm{dom}f$ 是一个仿射集并且 f 在 $\mathrm{dom}f$ 上是仿射函数, 则 f 为部分仿射函数.

一个部分仿射函数的共轭是另一个部分仿射函数. 由推论 5.3, 因为一个部分仿射函数必然是闭的, 它是它的共轭的共轭. 任何部分仿射函数可以被表示 (不唯一) 为

$$f(x) = \delta(x \mid L + a) + \langle x, a^* \rangle + \alpha,$$

其中 L 是子空间, a 和 a^* 是向量且 α 是实数. 那么共轭部分仿射函数时, 有

$$f^*(x^*) = \delta(x^* \mid L^\perp + a^*) + \langle x^*, a \rangle + \alpha^*,$$

其中 $\alpha^* = -\alpha - \langle a, a^* \rangle$.

证明

$$
\begin{aligned}
f^*(x^*) &= \sup_x \{ \langle x, x^* \rangle - \delta(x \mid L + a) - \langle x, a^* \rangle - \alpha \} \\
&\overset{y=x-a}{=} \sup_y \{ \langle y + a, x^* \rangle - \delta(y \mid L) - \langle y + a, a^* \rangle - \alpha \} \\
&= \sup_y \{ \langle y, x^* - a^* \rangle - \delta(y \mid L) - \langle a, x^* \rangle - \langle a, a^* \rangle - \alpha \} \\
&= \delta(x^* - a^* \mid L^\perp) + \langle x^*, a \rangle + \alpha^* \\
&= \delta(x^* \mid L^\perp + a^*) + \langle x^*, a \rangle + \alpha^*. \qquad \square
\end{aligned}
$$

这个结果通过在定理中令 $h = \delta(\cdot \mid L)$, $A = I$. 换言之, 上面的结论可进一步推广得到如下定理.

定理 5.4   设 h 是 $\mathbb{R}^n$ 上的凸函数, 令

$$f(x) = h(A(x - a)) + \langle x, a^* \rangle + \alpha,$$

其中 A 是 $\mathbb{R}^n \to \mathbb{R}^n$ 的一对一线性变换, a 和 a^* 是 $\mathbb{R}^n$ 中的向量, $\alpha \in \mathbb{R}$, 则

$$f^*(x^*) = h^*(A^{*-1}(x^* - a^*)) + \langle x^*, a \rangle + \alpha^*,$$

其中 A^* 是 A 的共轭, $\alpha^* = -\alpha - \langle a, a^* \rangle$.

证明 $y = A(x-a)$ 可保证我们用下面的方式计算 f^*,

$$f^*(x^*) = \sup_x \{\langle x, x^* \rangle - h(A(x-a)) - \langle x, a^* \rangle - \alpha\}$$

$$= \sup_x \{\langle A^{-1}y + a, x^* \rangle - h(y) - \langle A^{-1}y + a, a^* \rangle - \alpha\}$$

$$= \sup_y \{\langle A^{-1}y, x^* - a^* \rangle - h(y)\} + \langle a, x^* - a^* \rangle - \alpha$$

$$= \sup_y \{\langle y, A^{-1*}(x^* - a^*) \rangle - h(y)\} + \langle x^*, a \rangle + \alpha^*$$

$$= \sup_y \{\langle y, A^{*-1}(x^* - a^*) \rangle - h(y)\} + \langle x^*, a \rangle + \alpha^*.$$

由定义可知, 最后的上确界是 $h^*(A^{*-1}(x^* - a^*))$. $\square$

定义 5.3 仿射集的 Tucker 表示: 设 M 为 $\mathrm{I\!R}^N$ 中的仿射集并且 $0 < n < N$. 将 M 表示成坐标满足某些线性系统方程

$$\beta_{i1}\xi_1 + \cdots + \beta_{iN}\xi_N = \beta_i, \quad i = 1, \cdots, k$$

的向量 $x = (\xi_1, \cdots, \xi_N)$ 的集合. M 的维数为 n 且秩为 $m = N - n$. 可以通过解系统方程用 $\xi_{\bar{1}}, \cdots, \xi_{\bar{n}}$ 来表示 $\xi_{\overline{n+1}}, \cdots, \xi_{\overline{N}}$, 其中 $\bar{1}, \cdots, \overline{N}$ 为指标 $1, \cdots, N$ 的某种排列. 由此得到系统

$$\xi_{n+i} = \alpha_{i1}\xi_{\bar{1}} + \cdots + \alpha_{in}\xi_{\bar{n}} + \alpha_i, \quad i = 1, \cdots, m.$$

这便给出了向量 $x = (\xi_1, \cdots, \xi_N)$ 属于 M 的充要条件. 这个系统称为给定仿射集 M 的 Tucker 表示.

直观来解释, 可以记 $M = \{x \mid Bx = b\}$.

$$\begin{pmatrix} A & N \end{pmatrix} \begin{pmatrix} X_A \\ X_N \end{pmatrix} = b.$$

则

$$AX_A + NX_N = b, \quad NX_N = b - AX_A.$$

因此有

$$X_N = N^{-1}(b - AX_A).$$

部分仿射函数的共轭对应可以表示成仿射集的 Tucker 形式. 令 f 是 $\mathbb{R}^N$ 上的 n 维部分仿射函数, $0 < n < N$. $\mathrm{dom} f$ 的每个 Tucker 表示都产生了 f 的一种表示, 形如

$$
f(x) = \begin{cases} \alpha_{01}\xi_{\overline{1}} + \cdots + \alpha_{0n}\xi_{\overline{n}} - \alpha_{00}, & \xi_{\overline{n+i}} = \alpha_{i1}\xi_{\overline{1}} + \cdots + \alpha_{in}\xi_{\overline{n}} - \alpha_{i0}, \\ \qquad i = 1, \cdots, m, \\ +\infty, & \text{其他.} \end{cases}
$$

其中 ξ_j 是 x 的第 j 个分量, $m = N - n$, $\overline{1}, \cdots, \overline{N}$ 是 $1, \cdots, N$ 的排列. 当排列给定时, 系数 α_{ij} 也固定了. 如果我们有 f 的这种表示, 那可直接写出 f^* 的表示, 即

$$
f^*(x^*) = \begin{cases} \beta_{01}\xi^*_{n+1} + \cdots + \beta_{0m}\xi^*_{n+m} - \beta_{00}, & \xi^*_{\overline{j}} = \beta_{j1}\xi^*_{n+1} + \cdots \\ \qquad + \beta_{jm}\xi^*_{n+m} - \beta_{j0}, \ j = 1, \cdots, n, \\ +\infty, & \text{其他.} \end{cases}
$$

其中 $\beta_{ij} = -\alpha_{ij}$, $i = 0, 1, \cdots, m$, $j = 0, 1, \cdots, n$. 这可由 f^* 的计算直接证明.

证明　由共轭函数的定义,

$$
f^*(x^*) = \sup_x \{\langle x, x^* \rangle - f(x)\}.
$$

记 $x = (\xi_{\overline{1}}, \cdots, \xi_{\overline{N}})$, 可知当 $\xi_{\overline{n+i}} = \alpha_{i1}\xi_{\overline{i}} + \cdots + \alpha_{in}\xi_{\overline{n}} - \alpha_{i0}(i = 1, \cdots, m)$ 时上确界取到 (否则上确界取 $-\infty$), 代入可得

$$
f^*(x^*) = \sup_{\xi_{\overline{1}}, \cdots, \xi_{\overline{N}}} \{\xi_{\overline{1}}\xi^*_{\overline{1}} + \cdots + \xi_{\overline{n+m}}\xi^*_{n+m} - \alpha_{01}\xi_{\overline{1}} - \cdots - \alpha_{0n}\xi_{\overline{n}} + \alpha_{00}\}.
$$

对 x 的每个分量求导, 通过计算有

$$
\xi^*_{\overline{j}} = \beta_{j1}\xi^*_{n+1} + \cdots + \beta_{jm}\xi^*_{n+m} - \beta_{j0}, \quad j = 1, \cdots, n
$$

时取到上确界. 此时

$$\sup_x \{\langle x, x^* \rangle - f(x)\} = \beta_{01}\xi^*_{\overline{n+1}} + \cdots + \beta_{0m}\xi^*_{\overline{n+m}} - \beta_{00}.$$

当不能算出 $\xi^*_{\overline{j}}$ 时, 因为 $\xi_{\overline{n+i}} = \alpha_{i1}\xi_{\overline{i}} + \cdots + \alpha_{in} + \xi_{\overline{n}} - \alpha_{i0}, i = 1, \cdots, m,$

$f^*(x^*)$

$$= \sup_{\xi_{\overline{1}}, \cdots, \xi_{\overline{N}}} \{\xi_{\overline{1}}\xi^*_{\overline{1}} + \cdots + \xi_{\overline{n+m}}\xi^*_{\overline{n+m}} - \alpha_{01}\xi_{\overline{1}} - \cdots - \alpha_{0n}\xi_{\overline{n}} + \alpha_{00}\}$$

$$= \sup_{\xi_{\overline{1}}, \cdots, \xi_{\overline{N}}} \{\xi_{\overline{1}}\xi^*_{\overline{1}} + \cdots + \xi_{\overline{n}}\xi^*_{\overline{n}} + (\alpha_{11}\xi_{\overline{1}} + \cdots + \alpha_{1n} + \xi_{\overline{n}} - \alpha_{10})\xi^*_{\overline{n+1}} + \cdots$$

$$+ (\alpha_{m1}\xi_{\overline{1}} + \cdots + \alpha_{mn} + \xi_{\overline{n}} - \alpha_{m0})\xi^*_{\overline{n+m}} - \alpha_{01}\xi_{\overline{1}} - \cdots - \alpha_{0n}\xi_{\overline{n}} + \alpha_{00}\}$$

$$= \sup_{\xi_{\overline{1}}, \cdots, \xi_{\overline{N}}} \{\xi_{\overline{1}}(\xi^*_{\overline{1}} + \alpha_{11}\xi^*_{\overline{n+1}} + \cdots + \alpha_{m1}\xi^*_{\overline{n+m}} - \alpha_{01}) + \cdots + \xi_{\overline{n}}(\xi^*_{\overline{n}} + \alpha_{1n}\xi^*_{\overline{n+1}}$$

$$+ \cdots + \alpha_{mn}\xi^*_{\overline{n+m}} - \alpha_{0n}) - (\alpha_{10} + \cdots + \alpha_{m0})\xi^*_{\overline{n+m}} + \alpha_{00}\},$$

取 $\xi_{\overline{i}}$ 方向与 $\xi^*_{\overline{1}} + \alpha_{1i}\xi^*_{\overline{n+1}} + \cdots + \alpha_{mi}\xi^*_{\overline{n+m}} - \alpha_{0i}$ 相同时, 此时

$$\sup_x \{\langle x, x^* \rangle - f(x)\} = +\infty. \qquad \square$$

5.4 凸二次函数的共轭函数

$\mathbb{R}^n$ 上所有二次凸函数的共轭都可由定理 5.4 中的公式得到.

定理 5.5 设凸二次函数为

$$h(x) = (1/2)\langle x, Qx \rangle,$$

其中 Q 是 $n \times n$ 的对称半正定矩阵. 如果 Q 非奇异, 则 $\langle x, x^* \rangle - h(x)$ 的上确界可在 $x = Q^{-1}x^*$ 处唯一取得, 因此

$$h^*(x^*) = (1/2)\langle x^*, Q^{-1}x^* \rangle.$$

如果 Q 奇异, Q^{-1} 不存在, 但唯一存在一个 $n \times n$ 的对称半正定矩阵 Q', 使得

$$QQ' = Q'Q = P,$$

其中 P 是线性变换矩阵, 将 $\mathbb{R}^n$ 正交映射到子空间 $\{x \mid Qx = 0\}$ 的正交补空间 L. 对于这样的 Q', 我们有

$$h^*(x^*) = \begin{cases} (1/2)\langle x^*, Q'x^* \rangle, & x^* \in L, \\ +\infty, & x^* \notin L. \end{cases}$$

证明　当 $Qx = x^*$ 时上确界取到. 设当 $x = x_0$ 时取到上确界. 如果 $x^* \in L$, 则存在 x_0, 使得

$$Qx_0 = x^*, \quad Q'Qx_0 = Q'x^*.$$

因为 $Px_0 \in L$ 且 $Px^* = x^*$, 故有

$$\begin{aligned} h^*(x^*) &= \sup_x \{\langle x, x^* \rangle - \frac{1}{2}\langle x, Qx \rangle\} \\ &= \langle x_0, x^* \rangle - \frac{1}{2}\langle x_0, Qx_0 \rangle \\ &= \frac{1}{2}\langle x_0, x^* \rangle \\ &= \frac{1}{2}\langle x_0, Px^* \rangle \\ &= \frac{1}{2}\langle x_0, QQ'x^* \rangle \\ &= \frac{1}{2}\langle Q^{\mathrm{T}}x_0, Q'x^* \rangle \\ &= \frac{1}{2}\langle Qx_0, Q'x^* \rangle \\ &= \frac{1}{2}\langle x^*, Q'x^* \rangle. \end{aligned}$$

如果 $x^* \notin L$, x 可表示成 x^L 和 $x^{L^\perp}$ 的直和, 即 $x = x^L + x^{L^\perp}$. 因为 $Qx^{L^\perp} = 0$, $Px^L = x^L$, 所以

$$\begin{aligned} h^*(x^*) &= \sup_x \{\langle x^L + x^{L^\perp}, x^* \rangle - \frac{1}{2}\langle x^L + x^{L^\perp}, Q(x^L + x^{L^\perp}) \rangle\} \\ &= \sup_x \{\langle x^L, x^* \rangle + \langle x^{L^\perp}, x^* \rangle - \frac{1}{2}\langle x^L, Qx^L \rangle - \frac{1}{2}\langle x^L, x^{L^\perp} \rangle \\ &\quad - \frac{1}{2}\langle x^{L^\perp}, Qx^L \rangle - \frac{1}{2}\langle x^{L^\perp}, Qx^{L^\perp} \rangle\} \end{aligned}$$

$$= \sup_{x^L, x^{L^\perp}} \{\langle x^L, x^* \rangle + \langle x^{L^\perp}, x^* \rangle - \frac{1}{2}\langle x^L, Qx^L \rangle\}$$

$$= \sup_{x^{L^\perp}} \{\langle x^{L^\perp}, x^* \rangle\} + \sup_{x^L} \{-\frac{1}{2}\langle x^L, Qx^L \rangle + \langle x^L, x^* \rangle\}$$

$$= \sup_{x^{L^\perp}} \{\langle x^{L^\perp}, x^* \rangle - \inf_{x^L} \frac{1}{2}\langle x^L, Qx^L \rangle - \langle x^L, x^* \rangle\}$$

$$= \sup_{x^{L^\perp}} \{\langle x^{L^\perp}, x^* \rangle\}$$

$$= \sup_{x^{L^\perp}} \{\langle x^{L^\perp}, x^{*L} + x^{*L^\perp} \rangle\}$$

$$= \sup_{x^{L^\perp}} \{\langle x^{L^\perp}, x^{*L^\perp} \rangle\}$$

$$= +\infty. \qquad\qquad \square$$

若正常凸函数 f 可表示成下面的形式:

$$f(x) = q(x) + \delta(x \mid M),$$

其中 q 是 $\mathbb{R}^n$ 上的有限二次凸函数, M 是 $\mathbb{R}^n$ 中的仿射集, 则称 f 是部分二次凸函数.

例子 5.8 $h(z) = \dfrac{1}{2}(\lambda_1 \xi_1^2 + \cdots + \lambda_n \xi_n^2), 0 \leqslant \lambda_j \leqslant +\infty$, 定义了一个部分二次凸函数, 其中

$$\mathrm{dom}\, h = \{z = (\xi_1, \cdots, \xi_n) \mid \forall 满足\lambda_j = +\infty的j,\ \xi_j = 0\},$$

这样的函数 h 叫做初等部分二次凸函数. h 的共轭是如下形式的函数:

$$h^*(z^*) = \frac{1}{2}(\lambda_1^* \xi_1^{*2} + \cdots + \lambda_n^* \xi_n^{*2}), \quad 0 \leqslant \lambda_j^* \leqslant +\infty,$$

其中 $\lambda_j^* = 1/\lambda_j \left(规定 \dfrac{1}{\infty} = 0, \dfrac{1}{0} = +\infty\right)$,

$$\mathrm{dom}(h^*) = \{z^* = (\xi_1^*, \cdots, \xi_n^*) \mid \forall 满足\lambda_j^* = +\infty的j,\ \xi_j^* = 0\}.$$

性质 5.2　f 是 $\mathbb{R}^n$ 上的部分二次凸函数当且仅当 f 可以表示成

$$f(x) = h(A(x - a)) + \langle x, a^* \rangle + \alpha,$$

其中 h 是 $\mathbb{R}^n$ 上的基本部分二次凸函数, A 是 $\mathbb{R}^n \to \mathbb{R}^n$ 的一对一线性变换, a 和 a^* 是 $\mathbb{R}^n$ 中的向量, α 是实数.

证明　(1) f 是 $\mathbb{R}^n$ 上的部分二次凸函数, 则

$$f(x) = q(x) + \delta(x \mid M),$$

其中 q 是 $\mathbb{R}^n$ 上的有限二次凸函数, M 是 $\mathbb{R}^n$ 中的仿射集. 因为仿射集平行于子空间, 即 $M = L + a$, 所以部分二次凸函数可写为

$$f(x) = \frac{1}{2}\langle x, Qx \rangle + \langle b, x \rangle + c + \delta(x - a \mid L).$$

(2) 若

$$f(x) = h(A(x - a)) + \langle x, a^* \rangle + \alpha,$$

其中 h 是 $\mathbb{R}^n$ 上的基本部分二次凸函数. 由基本部分二次凸函数的定义, 则

$$h(z) = \frac{1}{2}(\lambda_1 \xi_1^2 + \cdots + \lambda_n \xi_n^2), \quad 0 \leqslant \lambda_j \leqslant +\infty.$$

记

$$z = (\xi_1, \cdots, \xi_n), \quad Q' = \begin{pmatrix} \lambda_1 & 0 & 0 \\ 0 & \ddots & 0 \\ 0 & 0 & \lambda_n \end{pmatrix},$$

则

$$h(z) = \frac{1}{2}\begin{pmatrix} \xi_1 & \cdots & \xi_n \end{pmatrix} \begin{pmatrix} \lambda_1 & 0 & 0 \\ 0 & \ddots & 0 \\ 0 & 0 & \lambda_n \end{pmatrix} \begin{pmatrix} \xi_1 \\ \vdots \\ \xi_n \end{pmatrix} = \frac{1}{2}z^{\mathrm{T}}Q'z.$$

所以有

$$
\begin{aligned}
f(x) &= h(A(x-a)) + \langle x, a^* \rangle + \alpha \\
&= \frac{1}{2}(A(x-a))^{\mathrm{T}} Q'(A(x-a)) + \langle x, a^* \rangle + \alpha \\
&= \frac{1}{2}(x^{\mathrm{T}} A^{\mathrm{T}} - (Aa)^{\mathrm{T}})) Q'(Ax - Aa) + \langle x, a^* \rangle + \alpha \\
&= \frac{1}{2}(x^{\mathrm{T}} A^{\mathrm{T}} Q' Ax) - (Aa)^{\mathrm{T}} Q' Ax + \frac{1}{2}(Aa)^{\mathrm{T}} Aa + \langle x, a^* \rangle + \alpha.
\end{aligned}
$$

下面证明 (1)⇔(2). 令

$$
Q = A^{\mathrm{T}} Q' A, \quad b = (Aa)^{\mathrm{T}} Q' A + a^*, \quad c = \frac{1}{2}(Aa)^{\mathrm{T}} Aa + \alpha.
$$

h 在子空间 $\overline{L}$ 上, 则有 $A\overline{L} = L$, $A^{-1}L + a = M$. 可以得到 (1) 和 (2) 等价. □

注 5.5 由定理 5.4 可知, 一个部分二次凸函数的共轭仍是一个部分二次凸函数.

5.5 对 称 性

令 f 是任意正常闭凸函数, 因此 $f^{**} = f$. 由定义, 有

$$
\inf_x f(x) = -\sup_x \{\langle x, 0 \rangle - f(x)\} = -f^*(0).
$$

对偶地, 有

$$
\inf_{x^*} f^*(x^*) = -f^{**}(0) = -f(0),
$$

因此

$$
\inf_x f(x) = 0 = f(0)
$$

成立, 当且仅当

$$
\inf_{x^*} f^*(x^*) = 0 = f^*(0).
$$

换句话说, 一个类中的元素为非负正常闭凸函数, 且在原点取值为 0, 则这个类的共轭中的元素同样为非负正常闭凸函数, 且在原点取值为 0.

性质 5.3　闭凸函数 f 是对称的, 即 $f(-x) = f(x)$, 当且仅当它的共轭是对称的.

令 G 是 $\mathbb{R} \to \mathbb{R}^n$ 的正交线性变换的任意集合, 若

$$f(Ax) = f(x), \quad \forall x, \ \forall A \in G,$$

则称 f 关于 G 是对称的.

推论 5.5　闭凸函数 f 关于正交线性变换的给定集合 G 是对称的, 当且仅当 f^* 关于 G 是对称的.

证明　f 关于正交线性变换的给定集合 G 是对称的, 则对任意的 $A \in G$, 有 $fA = f$. 令 $h = f$, $a = 0 = a^*$, $\alpha = 0$. 应用定理 5.4, 当 $fA = f$ 时, 有

$$f^*A^{*-1} = f^*.$$

当 A 正交时, $A^{*-1} = A$. 因此, 若对每个 $A \in G$, 有 $fA = f$, 则有 $f^*A = f^*$. 当 f 是闭时, 因为 $f^{**} = f$, 则反过来仍成立.　□

注 5.6　关于 $\mathbb{R}^n$ 的所有正交变换的集合对称的函数具有这种形式:

$$f(x) = g(\|x\|),$$

其中 $\|\cdot\|$ 是欧氏范数, g 是 $[0, +\infty)$ 上的函数.

证明　正交变换保证模不变. 对任意的 x, y 满足 $\|x\| = \|y\| = r$, 存在正交变换 A 使 $y = Ax$. 因为 f 是对称的, 有

$$f(x) = f(Ax) = f(y).$$

也就是在半径为 r 的球面上, $f(x)$ 为常数值处处相等, 记该值为 $g(r)$, 有

$$f(x) = g(\|x\|).$$　□

注 5.7　这样的 f 是正常闭凸函数当且仅当 g 是非减下半连续凸函数, 且 $g(0)$ 是有限的.

在后面这种情形, 共轭函数也会具有这种表示 (由推论 5.5 知, 共轭函数也是对称的), 即 $f^*(x^*) = g^+(|x^*|)$, 其中 g^+ 是非减下半连续凸函数, 且 $g^+(0)$ 有限. 事实上, 有

$$f^*(x^*) = \sup_x \{\langle x, x^* \rangle - f(x)\}$$

$$= \sup_{\xi \geqslant 0} \sup_{\|x\|=\xi} \{\langle x, x^* \rangle - g(\xi)\}$$

$$= \sup_{\xi \geqslant 0} \sup_{\|x\|=\xi} \{\|x\|\|x^*\| \cos\theta - g(\xi)\}$$

$$= \sup_{\xi \geqslant 0} \{\xi \|x^*\| - g(\xi)\}.$$

记 $\xi^* = |x^*|$, 因此

$$g^+(\xi^*) = \sup\{\xi\xi^* - g(\xi) \mid \xi \geqslant 0\},$$

称 g^+ 是 g 的单调共轭. 因为 $f^{**} = f$, 有 $g^{++} = g$, 即

$$g(\xi) = \sup\{\xi\xi^* - g^+(\xi^*) \mid \xi^* \geqslant 0\}.$$

原因在于, 因为 $f^*(x^*) = g^+(|x^*|)$, 记 $\xi = \|x\|$,

$$g^{++}(\xi) = \sup\{\xi\xi^* - g^+(\xi^*) \mid \xi^* \geqslant 0\}$$

$$= \sup\{\xi^*\|x\| - g^+(\xi^*) \mid \xi^* \geqslant 0\}$$

$$= \sup_{\xi^* \geqslant 0} \sup_{\|x^*\|=\xi^*} \{xx^* - g^+(\xi^*)\}$$

$$= \sup_{x^*} \{xx^* - f^*(x^*)\}$$

$$= f^{**}(x).$$

而 $f^{**} = f$, 且 $f(x) = g(|x|)$, 所以有 $g^{++} = g$, 即

$$g(\xi) = \sup\{\xi\xi^* - g^+(\xi^*) \mid \xi^* \geqslant 0\}.$$

单调共轭定义了 $[0, +\infty)$ 上且在 0 点有限的所有非减下半连续凸函数类的一对一的对称对应.

单调共轭可扩展到 m 维.

考虑 $\mathbb{R}^n$ 上的函数 f, 它在每个坐标上都是对称的, 即关于 $G = \{A_1, \cdots, A_n\}$ 是对称的, 其中 A_j 是 (正交) 线性变换, 改变 $\mathbb{R}^n$ 中每个向量第 j 个元素的符号. 显然, f 属于这个类当且仅当

$$f(x) = g(\mathrm{abs}(x)),$$

其中 g 是 $\mathbb{R}^n$ 的非负象限的函数, 且

$$\mathrm{abs}(\xi_1, \cdots, \xi_n) := (|\xi_1|, \cdots, |\xi_n|).$$

f 是正常闭凸函数的充分必要条件是 g 是下半连续凸函数, 在原点有限且非减 (从某种意义上说, 当 $0 \leqslant x \leqslant x'$, 也就是 $0 \leqslant \xi_j \leqslant \xi_j'$ 时, $g(x) \leqslant g(x')$). 在这种情形下, 由推论 5.5 知

$$f^*(x^*) = g^+(\mathrm{abs}(x^*)),$$

其中 g^+ 是 $\mathbb{R}^n$ 的非负象限上另一个非减、下半连续且 $g^+(0)$ 有限的凸函数. 容易验证

$$g^+(z^*) = \sup\{\langle z, z^*\rangle - g(z) \mid z \geqslant 0\}, \quad \forall z^* \geqslant 0.$$

在这种公式中, g^+ 称作 g 的单调共轭, 可得以下结论.

定理 5.6　令 g 是定义在 $\mathbb{R}^n$ 上的非负象限上的非减、下半连续的凸函数, 且 $g(0)$ 有限, 则 g 的单调共轭 g^+ 是另一个类似的函数, 且 g^+ 的单调共轭是 g.

同样可证

$$g^-(z^*) = \inf\{\langle z, z^*\rangle - g(z) \mid z \geqslant 0\},$$

$$g(z) = \inf\{\langle z, z^*\rangle - g^-(z^*) \mid z^* \geqslant 0\},$$

定义了在 $\mathbb{R}^n$ 上的非负象限上的所有非增上半连续凹函数类的一对一的对称对应, 值域为 $[-\infty, +\infty)$, 且不恒等于 $-\infty$. 这种对应称为凹函数的单调共轭.

证明 令 $f(x) = -g(|x|)$, 则 f 的共轭也具有形式

$$f^*(x^*) = -g^-(|x^*|).$$

记 $\xi^* = |x^*|$,

$$
\begin{aligned}
f^*(x^*) &= \sup_x \{\langle x, x^* \rangle - f(x)\} \\
&= \sup_{|x|=\xi, \xi \geqslant 0} \{\langle x, x^* \rangle + g(\xi)\} \\
&= \sup_{\xi \geqslant 0} \{\xi |x^*| + g(\xi)\} \\
&= -\inf_{\xi \geqslant 0} \{-\xi |x^*| - g(\xi)\} \\
&= -\inf_{\xi \geqslant 0} \{-\xi \xi^* - g(\xi)\}.
\end{aligned}
$$

所以 $g^-(\xi^*) = \inf\{-\xi \xi^* - g(\xi) \mid \xi \geqslant 0\}$. 记 $\xi = |x|$,

$$
\begin{aligned}
g^{--}(\xi) &= \inf\{-\xi \xi^* - g^-(\xi^*) \mid \xi^* \geqslant 0\} \\
&= -\sup\{\xi \xi^* + g^-(\xi^*) \mid \xi^* \geqslant 0\} \\
&= -\sup_{\xi^*=|x^*|} \{\xi |x^*| + g^-(|x^*|) \mid \xi^* \geqslant 0\} \\
&= -\sup_{x^*} \{x x^* - f^*(x^*)\} \\
&= -f^{**}(x).
\end{aligned}
$$

所以 $f^{**} = -g^{--}$. 又因 $f^{**} = f$ 且 $f(x) = -g(|x|)$, 则有 $g^{--} = g$. □

5.6 练 习 题

练习 5.1 已知

$$
f(x) = \begin{cases} 0, & 1 \leqslant x \leqslant 2, \\ +\infty, & \text{其他}, \end{cases} \quad x \in \mathbb{R},
$$

计算 $f^*(x^*)$.

第 6 章 支 撑 函 数

6.1 支撑函数的引入

研究极值问题通常需要求在 $\mathbb{R}^n$ 中的凸集 C 上定义的线性函数 $\langle \cdot, x^* \rangle$ 的最大值. 此问题的一个成熟的方法是研究当 x^* 变化时会有什么结果, 这便要求人们考虑能否将上确界表示成为依赖于 x^* 的函数, 如 C 的支撑函数为 $\delta^*(\cdot \mid C)$:

$$\delta^*(x^* \mid C) = \sup \{ \langle x, x^* \rangle \mid x \in C \}.$$

支撑函数 δ^* 概念的适应性下面就会讲解清楚.

线性函数在 C 上的最小化问题也能够借助 $\delta^*(\cdot \mid C)$ 来研究, 因为

$$\inf \{ \langle x, x^* \rangle \mid x \in C \} = -\delta^*(-x^* \mid C).$$

C 的支撑函数刻画了所有包含 C 的闭半空间, 不等式

$$C \subset \{ x \mid \langle x, x^* \rangle \leqslant \beta \}$$

成立当且仅当

$$\beta \geqslant \delta^*(x^* \mid C).$$

定义 6.1 集合 C 的闸锥 (障碍锥)[10] 定义为满足如下条件的 x^* 的集合: 存在 $\beta \in \mathbb{R}$ 使对每个 $x \in C$, 都有 $\langle x, x^* \rangle \leqslant \beta$.

性质 6.1 $\delta^*(\cdot \mid C)$ 的有效域为 C 的闸锥.

证明 $\delta^*(\cdot \mid C)$ 的有效域为

$$\{ x^* \mid \sup \langle x, x^* \rangle \leqslant +\infty \}.$$

反设有效域不是 C 的闸锥, 则对任意 $\beta \in \mathbb{R}$, 存在 $x \in C$, 使 $\langle x, x^* \rangle > \beta$. 令 β 充分大, 则 $\sup \langle x, x^* \rangle = +\infty$, 与有效域的定义矛盾, 则 $\delta^*(\cdot \mid C)$ 的有效域为 C 的闸锥. $\square$

例子 6.1 $C = \{\varepsilon \mid 1 \leqslant \varepsilon \leqslant 2\} \subset \mathbb{R}$.

注意到由闸锥定义, $\langle x, x^* \rangle = x^* \, \varepsilon$. 当 $x^* \leqslant 0$ 时, 可取 $\beta = x^*$. 当 $x^* > 0$ 时, $\beta = 2x^*$, 则 C 的闸锥为 $\{x^* \in \mathbb{R} \mid x^* < +\infty\} = \mathbb{R}$.

$$\delta^* (x^* \mid C) = \sup \{x^* \, \varepsilon \mid 1 \leqslant \varepsilon \leqslant 2\} = \begin{cases} x^*, & x^* \leqslant 0, \\ 2\,x^*, & x^* > 0. \end{cases}$$

则 C 的支撑函数的有效域为 $\{x^* \mid x^* < +\infty\}$, 见图 6.1.

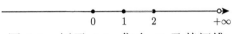

图 6.1 例子 6.1: 集合 C 及其闸锥

例子 6.2 $C = \{(0, \varepsilon) \mid 0 \leqslant \varepsilon \leqslant 1\} \subset \mathbb{R}^2$.

设 $x^* = (a, b)$, $\langle x, x^* \rangle = b\varepsilon$. 当 $b \leqslant 0$ 时, 可以选择 $\beta = 0$. 当 $b > 0$ 时, 可取 $\beta = b$. 则 C 的闸锥为 $\{(a, b) \mid b < +\infty\}$.

$$\delta^* (x^* \mid C) = \sup \{b\varepsilon \mid 0 \leqslant \varepsilon \leqslant 1\} = \begin{cases} 0, & b \leqslant 0, \\ b, & b > 0. \end{cases}$$

则 C 的支撑函数的有效域为 $\{(a, b) \mid b < +\infty\}$, 见图 6.2.

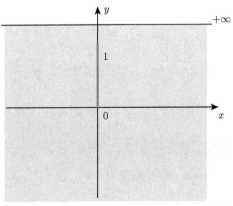

图 6.2 例子 6.2: 集合 C 及其闸锥

显然, 对于每个凸集 C 有

$$\delta^* (x^* \mid C) = \delta^* (x^* \mid \mathrm{cl}\ C) = \delta^* (x^* \mid \mathrm{ri}\ C), \quad \forall \, x^*.$$

由分离定理有下列结果.

定理 6.1　设 C 为凸集.

(i) 则 $x \in \mathrm{cl}C$ 当且仅当对任意的 x^*, 有

$$\langle x, x^* \rangle \leqslant \delta^*\left(x^* \mid C\right). \tag{6.1}$$

(ii) $x \in \mathrm{ri}\, C$ 当且仅当对满足

$$-\delta^*\left(-x^* \mid C\right) \neq \delta^*\left(x^* \mid C\right) \tag{6.2}$$

的 x^*, 有

$$\langle x, x^* \rangle < \delta^*\left(x^* \mid C\right). \tag{6.3}$$

(iii) $x \in \mathrm{int}C$ 当且仅当对于每个 $x^* \neq 0$, 有

$$\langle x, x^* \rangle < \delta^*\left(x^* \mid C\right). \tag{6.4}$$

(iv) 假设 $C \neq \varnothing$, 则 $x \in \mathrm{aff}C$ 当且仅当对于每个满足

$$-\delta^*\left(-x^* \mid C\right) = \delta^*\left(x^* \mid C\right) \tag{6.5}$$

的 x^*, 有

$$\langle x, x^* \rangle = \delta^*\left(x^* \mid C\right). \tag{6.6}$$

证明　(i) "$\Rightarrow$" 由于 $\delta^*(x^* \mid C) = \delta^*(x^* \mid \mathrm{cl}C)$, 故 $x \in \mathrm{cl}C$ 意味着

$$\langle x, x^* \rangle \leqslant \delta^*(x^* \mid C) = \delta^*(x^* \mid \mathrm{cl}C).$$

"$\Leftarrow$"　由推论 4.3可知, 若 S 为 $\mathbb{R}^n$ 中的子集, $\mathrm{cl}(\mathrm{conv}S)$ 为所有包含 $\mathrm{conv}(S)$ 的闭半空间的交. 则对给定的 x^*, 包含 C 的闭半空间的交可记为

$$M(x^*) := \bigcap_{\beta \geqslant \delta^*(x^* \mid C)} \{x \mid \langle x, x^* \rangle \leqslant \beta\}.$$

则有 $\mathrm{cl}C = M(x^*)$. 而

$$M(x^*) = \{x \mid \langle x, x^* \rangle \leqslant \delta^*(x^* \mid C)\},$$

则有 $\mathrm{cl}C = \{x \mid \langle x, x^* \rangle \leqslant \delta^*(x^* \mid C)\}$. 即 (i) 成立.

(ii) 由推论 4.6可知, $x \in \mathrm{ri}C$ 当且仅当对于任意一个在 C 上非常数的线性函数 h, 在 x 处取不到最大值. 而注意到

$$-\delta^*(-x^* \mid C) = \inf\{\langle x, x^* \rangle \mid x \in C\},$$

$$\delta^*(x^* \mid C) = \sup\{\langle x, x^* \rangle \mid x \in C\},$$

若 $-\delta^*(-x^* \mid C) = \delta^*(x^* \mid C)$, 说明 $\langle x, x^* \rangle$ 在 $x \in C$ 上为常数函数. 因此, (6.2) 成立即对应了 $\langle x, x^* \rangle$ 在 $x \in C$ 上不是常数函数. 则 $x \in \mathrm{ri}C$ 当且仅当 (6.3) 对满足 (6.2) 的 x^* 成立.

(iii) 当 $\mathrm{ri}C$ 不等于 $\mathrm{int}C$ 时, $\mathrm{int}C$ 为空集, 结论为平凡的. $\mathrm{ri}C$ 等于 $\mathrm{int}C$ 时, C 不包含于任何超平面的情况. 此时, 对于每个非零的 x^*, $\langle x, x^* \rangle$ 在 $x \in C$ 上都不是常数函数, 即有对任意的 $x^* \neq 0$,

$$-\delta^*(-x^* \mid C) \neq \delta^*(x^* \mid C).$$

这便是 $\mathrm{int}C$ 的特征.

(iv) $\mathrm{aff}C$ 的特征表明, 包含 C 的最小仿射集等于所有包含 C 的超平面的交集 [10]. 记

$$H_{b,\beta} = \{x \mid \langle x, b \rangle = \beta\}.$$

则

$$C \subset \bigcap_{C \subset H_{b,\beta}} H_{b,\beta}.$$

即对任意的 $x \in \mathrm{aff}C$, 有

$$x \in H(x^*, \beta), \quad \text{其中} H(x^*, \beta) \supset C. \tag{6.7}$$

(6.7) 等价于

$$\langle x, x^* \rangle = \beta, \quad \text{其中} x^*, \ \beta \ \text{满足} \langle x, x^* \rangle = \beta, \ \forall \ x \in C.$$

换言之, $\langle x, x^* \rangle$ 在 $x \in C$ 上为常数, 即 (x^*, β) 满足

$$-\delta^*(-x^* \mid C) = \delta^*(x^* \mid C) = \beta.$$

则 (6.7) 即为对满足 (6.6) 的 x^*, 有 (6.6) 成立. $\qquad\qquad \square$

推论 6.1 对于 $\mathbb{R}^n$ 中的凸集 C_1, C_2, $\mathrm{cl}\,C_1 \subset \mathrm{cl}\,C_2$ 成立当且仅当 $\delta^*(\cdot \mid C_1) \leqslant \delta^*(\cdot \mid C_2)$.

证明 注意到

$$\sup_{x\in \mathrm{cl}C_1} \langle x, x^*\rangle \leqslant \sup_{x\in \mathrm{cl}C_2} \langle x, x^*\rangle.$$

由定理 6.1(i), 有 $\delta(\cdot \mid C_1) \leqslant \delta^*(\cdot \mid C_2)$. 结论成立. $\square$

由此得到闭凸集 C 能够表示成为关于其支撑函数不等式系统的解集合:

$$C = \{x \mid \langle x, x^*\rangle \leqslant \delta^*(x^* \mid C), \forall\ x^*\}.$$

因此, C 由其支撑函数完全确定, 这个事实是有意义的, 因为它说明了存在 $\mathbb{R}^n$ 中的闭凸集与定义在 $\mathbb{R}^n$ 上的函数这种完全不同类之间的一一对应, 这种对应具有很多著名的性质. 例如, 两个非空凸集 C_1, C_2 的和的支撑函数为

$$\begin{aligned}\delta^*(x^* \mid C_1 + C_2) &= \sup\{\langle x_1 + x_2, x^*\rangle \mid x_1 \in C_1, x_2 \in C_2\}\\&= \sup\{\langle x_1, x^*\rangle \mid x_1 \in C_1\} + \sup\{\langle x_2, x^*\rangle \mid x_2 \in C_2\}\\&= \delta^*(x^* \mid C_1) + \delta^*(x^* \mid C_2).\end{aligned}$$

集合的加法因此而转换为函数的加法, 此类进一步的性质在后面将会遇到.

6.2 指示函数的支撑函数

实际上, 支撑函数的对应能够被看成是共轭的特殊情况. 只要我们记住凸集 C 与指示函数 $\delta(\cdot \mid C)$ 之间的一一对应. 由定义, $\delta(\cdot \mid C)$ 的共轭由

$$\sup_{x\in \mathbb{R}^n}\{\langle x, x^*\rangle - \delta(x \mid C)\} = \sup_{x\in C}\langle x, x^*\rangle = \delta^*(x^* \mid C)$$

给出, 按照共轭对应的本质, $\delta^*(x^* \mid C)$ 的共轭满足

$$(\delta^*(\cdot \mid C))^* = \mathrm{cl}\,\delta(\cdot \mid C) = \delta(\cdot \mid \mathrm{cl}\,C).$$

定理 6.2 (a) 闭凸集的指示函数与支撑函数互为共轭函数.

(b) 非空凸集的支撑函数为闭正常正齐次凸函数.

证明 (a) 实际上, 由定理 5.2 和刚才的分析知道结论 (a) 显然. 则结论 (b) 的等价结论为

(c) 非空凸集的指示函数的共轭函数是闭正常正齐次凸函数.

我们只需要证明:

(d) 闭正常凸函数除了 0 和 $+\infty$ 之外没有别的值 (即指示函数)(记为 (e))$\Leftrightarrow$ 它的共轭为正齐次的 (记为 (g)).

而 (d) 为结论 (c) 的共轭. 记 f 为闭正常凸函数. 则 (e) 等价于

$$f(x) = \lambda f(x), \quad \forall\, x, \forall\, \lambda > 0. \tag{6.8}$$

(6.8) 等价于

$$\text{当} f \text{为闭凸函数时,} \ f^*(x^*) = (\lambda f^*)(x^*), \ \forall\, \lambda \geqslant 0. \tag{6.9}$$

另一方面, (g) 等价于对于每个 x^* 和 $\lambda > 0$ 有

$$f^*(x^*) = \lambda f^*\left(\lambda^{-1}x^*\right), \quad \forall\, x^*, \forall\, \lambda > 0. \tag{6.10}$$

又由于

$$\lambda f^*\left(\lambda^{-1}x^*\right) = (\lambda f^*)(x^*), \quad \forall\, x^*, \forall\, \lambda \geqslant 0. \tag{6.11}$$

因此 (6.11) 等价于 (6.9). 故得到

$$(g) \Leftrightarrow (6.10) \Leftrightarrow (6.9) \Leftrightarrow (6.8) \Leftrightarrow (e).$$

故证明了 (c), 即 (b) 成立. $\qquad\qquad\square$

特别地, 定理 6.2 说明 $\delta^*(x^* \mid C)$ 是关于 x^* 的下半连续函数, 且

$$\begin{aligned}
\delta^*(x_1^* + x_2^* \mid C) &= \sup_{x \in C}\{\langle x, x_1^* + x_2^*\rangle\} \\
&\leqslant \sup_{x \in C}\{\langle x, x_1^*\rangle\} + \sup_{x \in C}\{\langle x, x_2^*\rangle\} \\
&\leqslant \delta^*(x_1^* \mid C) + \delta^*(x_2^* \mid C), \quad \forall\, x_1^*, \forall\, x_2^*.
\end{aligned}$$

推论 6.2　设 f 为不恒等于 $+\infty$ 的正齐次凸函数, 则 $\mathrm{cl}\,f$ 为某些闭凸集 C 的支撑函数, 即

$$C = \{x^* \mid \langle x, x^* \rangle \leqslant f(x),\ \forall\, x\}.$$

证明　$\mathrm{cl}\,f$ 或者为闭正常正齐次凸函数或者为常函数 $-\infty$ ($\varnothing$ 的支撑函数). 于是, 存在闭凸集 C 使得 $\mathrm{cl}\,f = \delta^*(\cdot \mid C)$. 由定义得到

$$f^* = (\mathrm{cl}\,f)^* = \delta(\cdot \mid C),$$

且 $C = \{x^* \mid f^*(x^*) \leqslant 0\}$. 而对于每个 x, 成立 $f^*(x^*) \leqslant 0$ 的充要条件是 $\langle x, x^* \rangle - f(x) \leqslant 0$. 故 $C = \{x^* \mid \langle x, x^* \rangle \leqslant f(x),\ \forall\, x\}$. □

推论 6.3　非空有界凸集的支撑函数为有限正齐次凸函数.

证明　有限凸函数一定为闭的 (见 [6, 推论 7.9]). 考虑到定理中支撑函数的特征, 我们只要注意到凸集 C 有界当且仅当对于每个 x^* 成立 $\delta^*(x^* \mid C) < +\infty$. 确实, $\mathbb{R}^n$ 的子集 C 有界当且仅当它包含于某些立方体内. 这个结果成立当且仅当每个线性函数在 C 有上界. 证明思路总结如下.

$$\text{凸集}C\text{有界} \quad \Leftrightarrow \quad \delta^*(x^* \mid C) < +\infty$$
$$\Updownarrow \qquad\qquad\qquad \Updownarrow$$
$$C\text{包含于立方体内} \Leftrightarrow \text{每个线性函数在}C\text{上有界} \qquad □$$

例如, 欧氏范数一定为某些集合的支撑函数. 这是因为它为有限正齐次凸函数. 这些集合是什么? 由柯西–施瓦茨不等式

$$|\langle x, y \rangle| \leqslant \|x\| \cdot \|y\|$$

知道, 当 $\|y\| \leqslant 1$ 时, $\langle x, y \rangle \leqslant \|x\|$. 当然, 如果 $x = 0$ 或 $y = \|x\|^{-1}x$, 则 $\langle x, y \rangle = \|x\|$. 因此,

$$\|x\| = \sup\{\langle x, y \rangle \mid \|y\| \leqslant 1\} = \delta^*(x \mid B),$$

其中 B 为单位欧氏球. 更一般地, 球 $a + \lambda B(\lambda \geqslant 0)$ 的支撑函数为

$$f(x) = \langle x, a \rangle + \lambda \|x\|.$$

例子 6.3 $C_1 = \{x = (\xi_1, \cdots, \xi_n) \mid \xi_j \geq 0, \xi_1 + \cdots + \xi_n = 1\}$，其支撑函数为

$$\delta^* (x^* \mid C_1) = \max \{\xi_j^* \mid j = 1, \cdots, n\}.$$

例子 6.4 $C_2 = \{x = (\xi_1, \cdots, \xi_n) \mid |\xi_1| + \cdots + |\xi_n| \leq 1\}$，其支撑函数为

$$\delta^* (x^* \mid C_2) = \max \{|\xi_j^*| \mid j = 1, \cdots, n\}.$$

例子 6.5 $C_3 = \{x = (\xi_1, \xi_2) \mid \xi_1 < 0, \xi_2 \leq \xi_1^{-1}\}$，其支撑函数为

$$\delta^* (x^* \mid C_3) = \begin{cases} -2 (\xi_1^* \xi_2^*)^{1/2}, & x^* = (\xi_1^*, \xi_2^*) \geq 0, \\ +\infty, & \text{其他.} \end{cases}$$

C_3 及其支撑函数如图 6.3 和图 6.4 所示.

例子 6.6 $C_4 = \{x = (\xi_1, \xi_2) \mid 2\xi_1 + \xi_2^2 \leq 0\}$，其支撑函数为

$$\delta^* (x^* \mid C_4) = \begin{cases} \xi_2^{*2}/2\xi_1^*, & \xi_1^* > 0, \\ 0, & \xi_1^* = 0 = \xi_2^*, \\ +\infty, & \text{其他.} \end{cases}$$

C_4 及其支撑函数见图 3.3 和图 3.4.

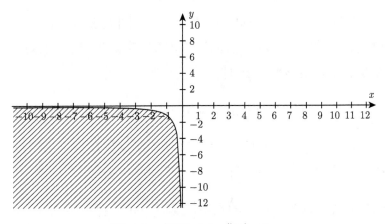

图 6.3 例子 6.5: 集合 C_3

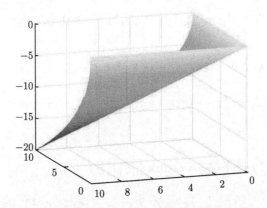

图 6.4　例子 6.5: 集合 C_3 的支撑函数

6.3　有效域的支撑函数

定理 6.3　设 f 为正常凸函数, 则 $\mathrm{dom}\, f$ 的支撑函数为 f^* 的回收函数 $f^* 0^+$. 如果 f 为闭的, 则 $\mathrm{dom}\, f^*$ 的支撑函数为 f 的回收函数 $f 0^+$.

证明　由定义, f^* 为仿射函数

$$h\left(x^*\right) = \langle x, x^* \rangle - \mu, \quad (x, \mu) \in \mathrm{epi} f$$

的逐点上确界. 原因在于

$$f^*(x^*) = \sup_x \{\langle x, x^* \rangle - f(x)\} \geqslant \sup_{(x,\mu) \in \mathrm{epi} f} \{\langle x, x^* \rangle - \mu\} \quad (\text{因} \mu \geqslant f(x)).$$

而 $\mathrm{epi}\, f^*$ 为对应的闭半空间 $\mathrm{epi}\, h$ 的交. 回收锥 $0^+(\mathrm{epi}\, f^*)$ 为集合 $0^+(\mathrm{epi}\, h)$ 的交 (推论 1.4), 这便说明 $f^* 0^+$ 为函数 $h 0^+$ 的逐点上确界. 显然, 当 $h\left(x^*\right) = \langle x, x^* \rangle - \mu$ 时,

$$\begin{aligned}
\left(h 0^+\right)\left(y^*\right) &= \sup_{x^*} \{h(x^* + y^*) - h(x^*)\,|\, x \in \mathrm{dom}\, h\} \\
&= \sup_{x^*} \{\langle x, x^* + y^* \rangle - \langle x^*, x \rangle\} \\
&= \langle x, y^* \rangle .
\end{aligned}$$

因此 $f^* 0^+$ 为线性函数 $\langle x, \cdot \rangle$ 的点态上确界, 并且存在 μ 使 $(x, \mu) \in \mathrm{epi} f$, 即

$$\left(f^*0^+\right)(x^*) = \sup\left\{\langle x, x^*\rangle \mid x \in \operatorname{dom} f\right\} = \delta^*\left(x^* \mid \operatorname{dom} f\right).$$

定理中的第二个断言由对偶得到, 因为当 f 为闭的时 $f^{**} = f$. □

若凸函数 f 为闭的、正常的且 $\operatorname{epi} f$ 不含非垂直半直线, 即

$$\left(f0^+\right)(y) = +\infty, \quad \forall\, y \neq 0,$$

则称其为上有界的. 当然, 如果 $\operatorname{dom} f$ 为有界的, 则一定为上有界的.

推论 6.4 设 f 为定义在 $\mathbb{R}^n$ 上的闭凸函数, 为保证 f^* 处处有限并使 $\operatorname{dom} f^* = \mathbb{R}^n$, 当且仅当 f 为上有界的.

证明 我们知道 $\operatorname{dom} f^* = \mathbb{R}^n$ 当且仅当 $\operatorname{dom} f^*$ 不含于 $\mathbb{R}^n$ 中的任何闭半空间 (推论 6.2). 这等价于条件 $\delta^*(x \mid \operatorname{dom} f^*) < +\infty$ 仅对于 $x = 0$ 成立. 这等价于对任意的 $y \neq 0$, 有 $(f0^+)(y) = +\infty$, 即 f 上有界. □

推论 6.5 设 f 为闭正常凸函数, 为保证 $\operatorname{dom} f^*$ 为仿射集当且仅当对于不属于 f 的线性空间内的每个 y 都有 $(f0^+)(y) = +\infty$.

证明 作为分离定理的一个练习, 能看到凸集 C 为仿射的当且仅当定义在 C 上的每个有上界的线性函数为常函数. 这个条件意味着只要 $\delta^*(y \mid C) < +\infty$, 就有

$$-\delta^*(-y \mid C) = \delta^*(y \mid C).$$

对于 $C = \operatorname{dom} f^*$, 我们有

$$\delta^*(y \mid C) = \left(f0^+\right)(y),$$

且由定义, 满足

$$-\delta^*(-y \mid C) = \delta^*(y \mid C)$$

的向量属于 f 的线性空间. □

推论 6.6 设 f 为正常凸函数, 则

(1) $\operatorname{dom} f^*$ 有界当且仅当如下条件成立:

(a) f 处处有限;

(b) 存在实数 $\alpha \geqslant 0$ 使

$$|f(z) - f(x)| \leqslant \alpha\|z - x\|, \quad \forall z, \forall\, x.$$

(2) 保证此利普希茨条件成立的最小的 α 为

$$\alpha = \sup\left\{\|x^*\| \mid x^* \in \operatorname{dom} f^*\right\}.$$

证明 我们可以假设 f 为闭的, 因为 f 和 $\operatorname{cl} f$ 具有相同的共轭. f 满足利普希茨条件当且仅当 $\operatorname{cl} f$ 也满足利普希茨条件. 下面先证明 (1). 由 $\operatorname{dom} f^*$ 有界, 可知

$$f(x) = \begin{cases} \sup\limits_{x^*}\left\{\langle x, x^*\rangle - f^*(x^*)\right\}, & x^* \in \operatorname{dom} f^* \\ -\infty, & x^* \notin \operatorname{dom} f^* \end{cases}$$
$$= \sup_{x^*}\left\{\langle x, x^*\rangle - f^*(x^*)\right\} < +\infty.$$

即 $\operatorname{dom} f^*$ 有界可得到 f 处处有界. 下面证明 $\operatorname{dom} f^*$ 有界时, $\delta^*(x \mid \operatorname{dom} f^*)$ 有界. 注意到

$$\delta^*(x \mid \operatorname{dom} f^*) = \sup_{x^*}\{\langle x, x^*\rangle - \delta(x^* \mid \operatorname{dom} f^*)\}$$
$$= \sup_{x^* \in \operatorname{dom} f^*} \langle x, x^*\rangle.$$

因为 $\operatorname{dom} f^*$ 有界, 故 $\delta^*(x \mid \operatorname{dom} f^*)$ 有界. 而 $\operatorname{dom} f^*$ 有界当且仅当其支撑函数 (由定理 6.3 知就是 $f0^+$) 处处有限, 则由定理 3.5 便可以得到 (a) 和 (b)(必要性), 即

$$\operatorname{dom} f^* \text{有界}$$
$$\Rightarrow \begin{cases} f\text{处处有限} \\ \delta^*(x \mid \operatorname{dom} f^*) < +\infty \stackrel{\text{定理6.3}}{\Longleftrightarrow} (f0^+)(y) < +\infty \end{cases} \stackrel{\text{定理3.5}}{\Longleftrightarrow} (1)\text{成立}.$$

而关于 f 的利普希茨条件等价于 (推论 1.7)

$$f(x + y) \leqslant f(x) + \alpha\|y\|, \quad \forall\, x, \forall\, y.$$

这又等价于

$$(f0^+)(y) \leqslant \alpha\|y\|, \quad \forall\, y.$$

但是, $g(y) = \alpha|y|$ 为 αB 的支撑函数, 其中 B 为单位欧氏球. 因此 $f0^+ \leqslant g$ 说明 $\mathrm{cl}\,(\mathrm{dom}\,f^*) \subset \alpha B$(推论 6.1). 这便说明利普希茨不等式对于给定的 α 成立当且仅当对于每个 $x^* \in \mathrm{dom}\,f^*$ 有 $\|x^*\| \leqslant \alpha$, 即 $\mathrm{dom}\,f^*$ 有界（充分性）. $\qquad\square$

推论 6.7 设 f 为闭正常凸函数, x^* 为固定向量且 $g(x) = f(x) - \langle x, x^* \rangle$, 则

(i) $x^* \in \mathrm{cl}\,(\mathrm{dom}\,f^*)$ 当且仅当对于每个 y 有 $(g0^+)\,(y) \geqslant 0$;

(ii) $x^* \in \mathrm{ri}\,(\mathrm{dom}f^*)$ 当且仅当对于除去满足关系 $-(g0^+)\,(-y) = (g0^+)\,(y) = 0$ 之外的所有的 y 都有 $(g0^+)\,(y) > 0$;

(iii) $x^* \in \mathrm{int}\,(\mathrm{dom}\,f^*)$ 当且仅当对于每个 $y \neq 0$ 有 $(g0^+)\,(y) > 0$;

(iv) $x^* \in \mathrm{aff}\,(\mathrm{dom}\,f^*)$ 当且仅当对于每个满足 $-(g0^+)\,(-y) = (g0^+)\,(y) = 0$ 的向量 y 都有 $(g0^+)\,(y) = 0$.

证明 令 $C = (\mathrm{dom}\,f^*) - x^*$, 显然 $x^* \in \mathrm{cl}\,(\mathrm{dom}\,f^*)$ 当且仅当 $\mathbf{0} \in \mathrm{cl}C$. 我们有

$$g^*\,(y^*) = \sup\{\langle y, y^* \rangle - f(y) + \langle y, x^* \rangle\} = f^*\,(y^* + x^*)\,.$$

因此 $\mathrm{dom}\,g^* = C$. 由定理 6.3 知 C 的支撑函数为 $g0^+$, 条件 (i)—(iv) 可由定理 6.1中对应的支撑函数的条件而得到. $\qquad\square$

6.4 上图的支撑函数

定理 6.4 设 f 为定义在 $\mathbb{R}^n$ 上的正常凸函数, 则 f^* 的线性空间为平行于 $\mathrm{aff}(\mathrm{dom}\,f)$ 的子空间的正交补. 对偶地, 如果 f 为闭的, 则平行于 $\mathrm{aff}(\mathrm{dom}\,f^*)$ 的子空间为 f 的线性空间的正交补. 并且有

$$\text{线性性} f^* = n - \text{维数} f,$$

$$\text{维数} f^* = n - \text{线性性} f.$$

证明 f^* 的线性空间 L 由满足 $-(f^*0^+)(-x^*) = (f^*0^+)(x^*)$ 的向量 x^* 组成, 而 $\delta^*(y \mid C), -\delta^*(-y \mid C)$ 分别为线性函数 $\langle \cdot, x^* \rangle$ 在 $\operatorname{dom} f$ 上的上确界和下确界. 则由定理 6.3 知, $(f^*0^+)(x^*)$ 和 $-(f^*0^+)(-x^*)$ 分别为 $\langle \cdot, x^* \rangle$ 的上确界和下确界. 因此 $x^* \in L$ 当且仅当 $\langle \cdot, x^* \rangle$ 在 $\operatorname{dom} f$ 上为常数. 或等价地, 在 $\operatorname{aff}(\operatorname{dom} f)$ 上为常数 (因为含有 $\operatorname{aff}(\operatorname{dom} f)$ 的超平面与 $\operatorname{dom} f$ 相同). 线性函数 $\langle \cdot, x^* \rangle$ 在非空仿射集 M 上为常数当且仅当

$$0 = \langle x_1, x^* \rangle - \langle x_2, x^* \rangle = \langle x_1 - x_2, x^* \rangle, \quad \forall\, x_1 \in M, \forall\, x_2 \in M.$$

这个条件说明 $x^* \in (M - M)^\perp$. 因此 $L = (M - M)^\perp$, 其中 $M = \operatorname{aff}(\operatorname{dom} f)$. 但是 $M - M$ 为平行于 M 的子空间 ([6, 定理 1.2]), 这便确定了定理的第一个断言, 因为 $\mathbb{R}^n$ 中正交补子空间的维数总计为 n, 且相互平行的仿射集具有相同的维数. 因此

$$\dim M + \dim L = n.$$

然而, 由定义知道, $\dim M$ 为 f 的维数且 $\dim L$ 为 f^* 的线性性. 定理的第二个论断以及第二个维数公式一定成立, 因为当 f 闭时 $f^{**} = f$. □

推论 6.8 相互共轭的闭正常凸函数具有相同的秩.

证明 由定理中的公式和秩的定义而得到. □

推论 6.9 设 f 为闭正常凸函数, 则 $\operatorname{dom} f^*$ 具有非空内部当且仅当不存在使 f 沿其为 (有限且) 仿射的直线.

证明 f^* 的维数为 n 当且仅当 f 的线性性为 0. □

注 6.1 更多的共轭函数及支撑函数的计算可参见 [1], [2], [14].

6.5 与水平集相关的结论

给定凸函数 h, 则形如

$$C = \{x \mid h(x) \leqslant \beta + \langle x, b^* \rangle\}$$

的水平集总可以表示成为 $\{x \mid f(x) \leqslant 0\}$, 其中,

$$f(x) = h(x) - \langle x, b^* \rangle - \beta.$$

下列定理确定了 C 的支撑函数.

定理 6.5 设 f 为闭正常凸函数, 则 $\{x \mid f(x) \leqslant 0\}$ 的支撑函数为 clg, 其中 g 为由 f^* 所生成的正齐次凸函数. 对偶地, 由 f 所生产的正齐次凸函数的闭包为 $\{x^* \mid f^*(x^*) \leqslant 0\}$ 的支撑函数.

证明 由 f 和 f^* 对偶的本质知道仅需证明第二个结论. k 为 f 生成的正齐次凸函数, 由推论 6.2 知道, clk 为 D 的支撑函数, 其中 D 为满足 $\langle \cdot, x^* \rangle \leqslant k$ 的向量 x^* 的集合. 由 k 所控制的线性函数类的上图对应于 $\mathbb{R}^{n+1}$ 中的上闭半空间. 这种上闭半空间为包含 epik 的凸锥. 但是, 由 k 的定义知道, 含有 epik 的闭凸锥与包含 epif 的闭凸锥相同. 因此, 对于每个 x, D 由满足 $\langle x, x^* \rangle \leqslant f(x)$ 的向量 x^* 组成. 换句话说, $f^*(x^*) \leqslant 0$. □

推论 6.10 设 f 为定义在 $\mathbb{R}^n$ 上的闭正常凸函数, 定义在 $\mathbb{R}^{n+1}$ 上的函数 k,

$$k(\lambda, x) = \begin{cases} (f\lambda)(x), & \lambda > 0, \\ (f0^+)(x), & \lambda = 0, \\ +\infty, & \lambda < 0 \end{cases}$$

为

$$C = \{(\lambda^*, x^*) \mid \lambda^* \leqslant -f^*(x^*)\} \subset \mathbb{R}^{n+1}$$

的支撑函数.

证明 在 $\mathbb{R}^{n+1}$ 上定义函数 $h(\lambda, x) = f(x) + \delta(\lambda \mid 1)$, 如在定理 1.5 后面所指出的, 由 h 所生成的正齐次凸函数为 k. 因此, 由定理 6.5 知道 k 为

$$\{(\lambda^*, x^*) \mid h^*(\lambda^*, x^*) \leqslant 0\}$$

的支撑函数. 但是,

$$h^* \left(\lambda^*, x^* \right) = \sup \left\{ \lambda \lambda^* + \langle x, x^* \rangle - f(x) - \delta(\lambda \mid 1) \mid \lambda \in R, \; x \in \mathbb{R}^n \right\}$$
$$= \sup_x \left\{ \lambda^* + \langle x, x^* \rangle - f(x) \right\} = \lambda^* + f^*\left(x^*\right),$$

因此, $h^*\left(\lambda^*, x^*\right) \leqslant 0$ 意味着 $\lambda^* \leqslant -f^*\left(x^*\right)$.　　　　　　　　　$\square$

定理 6.5中支撑函数更加显式的公式能够借助定理 2.7 由给定函数所生成的正齐次函数的公式得到.

例子 6.7　计算椭圆凸集

$$C = \left\{ x \mid (1/2)\langle x, Qx \rangle + \langle a, x \rangle + \alpha \leqslant 0 \right\}$$

的支撑函数. 这里 Q 为正定的 $n \times n$ 矩阵, 存在定义在 $\mathbb{R}^n$ 上的有限凸函数 f, 使得 $C = \{ x \mid f(x) \leqslant 0 \}$. 由定理 6.5知, $\delta^*(\cdot \mid C)$ 为由 f^* 所生成的正齐次凸函数的闭包, 正如上一章所知,

$$f^*\left(x^*\right) = (1/2)\left\langle x^* - a, Q^{-1}\left(x^* - a\right) \right\rangle - \alpha$$
$$= (1/2)\left\langle x^*, Q^{-1}x^* \right\rangle + \langle b, x^* \rangle + \beta,$$

其中 $b = -Q^{-1}a$ 且 $\beta = (1/2)\left\langle a, Q^{-1}a \right\rangle - \alpha$. 由定义, 对于任意 $x^* \neq 0$,

$$g(x^*) = \inf \left\{ (f^*\lambda)(x^*) \mid \lambda \geqslant 0 \right\}$$
$$= \begin{cases} (f^*\lambda)(x^*), & \lambda > 0 \\ \delta(x^* \mid 0), & \lambda = 0 \end{cases}$$
$$= \inf \left\{ (f^*\lambda)(x^*) \mid \lambda > 0 \right\}.$$

当 $x^* = 0$, 有

$$g^*(x^*) = \inf \begin{cases} (f^*\lambda)(0), & \lambda > 0 \\ 0, & \text{其他} \end{cases}$$
$$= \inf \begin{cases} \lambda\beta, & \lambda > 0 \\ 0, & \text{其他} \end{cases}$$
$$= 0.$$

综上, $x^* = 0$ 时, 有

$$\inf(f^*\lambda)(x^*) = 0 = \inf \lambda\beta.$$

故

$$(f^*\lambda)(x^*) = \inf\{(f^*\lambda)(x^*) \mid \lambda \geqslant 0\}.$$

因为 $\operatorname{dom} f^* = \mathbb{R}^n$, 我们有 $\operatorname{dom} g = \mathbb{R}^n$. 因此, g 本身为闭的且

$$\delta^*\left(x^* \mid C\right) = g\left(x^*\right) = \inf_{\lambda > 0} \left\{(1/2\lambda)\left\langle x^*, Q^{-1}x^*\right\rangle + \left\langle b, x^*\right\rangle + \lambda\beta\right\}.$$

这个下确界容易计算. 假设 $C \neq \varnothing$, 我们有

$$0 \leqslant \sup_x \{-f(x)\} = f^*(0) = \beta.$$

如果 $\beta = 0$, 下确界为显然的. 如果 $\beta > 0$, 我们能够通过对 λ 取导数并令其等于 0 而得到下确界. 如此得到的一般公式为

$$\delta^*\left(x^* \mid C\right) = \left\langle b, x^*\right\rangle + \left[2\beta\left\langle x^*, Q^{-1}x^*\right\rangle\right]^{1/2}.$$

6.6 练 习 题

练习 6.1 计算 (1.5) 中的条件半定锥 K_+^n 的支撑函数 $\delta^*(\cdot \mid K_+^n)$.

练习 6.2 计算对称半定锥 S_+^n 的支撑函数 $\delta^*(\cdot \mid S_+^n)$.

第 7 章 凸 集 的 极

7.1 凸 锥 的 极

凸集与它们的支撑函数之间的对应反映出正齐次性以及指示函数的某种对偶性. 例如, 假设 f 为定义在 $\mathbb{R}^n$ 上的正常凸函数. 如果 f 为指示函数, 它的共轭 f^* 为正齐次的 (定理 6.2). 如果 f 为正齐次的, 则 f^* 为指示函数 (推论 6.2). 由此得到, 如果 f 为正齐次的指示函数, 则 f^* 为正齐次指示函数. 当然, 正齐次的指示函数一定为锥的指示函数. 下面给出凸锥的极的定义.

定义 7.1 如果对于非空凸锥 K 有 $f(x) = \delta(x \mid K)$, 则存在某非空凸锥 K° 使 $f^*(x^*) = \delta(x^* \mid K^\circ)$, 因为 f^* 为闭的, 所以 K° 一定为闭的. 这种 K° 被称为 K 的极 (polar), 由推论 6.2 有

$$K^\circ = \{x^* \mid \langle x, x^* \rangle \leqslant \delta(x \mid K),\ \forall\, x\} = \{x^* \mid \langle x, x^* \rangle \leqslant 0,\ \forall x \in K\}.$$

定理 7.1 对于非空凸锥 K, 有 K° 的极 $K^{\circ\circ}$ 为 $\mathrm{cl}K$, 而且

$$(\mathrm{cl}K)^\circ = K^\circ.$$

证明 因为 $f^* = \delta(\cdot \mid K^\circ)$ 的共轭为

$$f^{**} = \delta^*(\cdot \mid K^\circ) = \delta(\cdot \mid K^{\circ\circ}),$$

而

$$f^{**} = \mathrm{cl}f = \delta(\cdot \mid \mathrm{cl}K),$$

所以 $K^{\circ\circ} = \mathrm{cl}K$. 又因为 $(\mathrm{cl}f)^* = f^*$, 故有 $(\mathrm{cl}K)^\circ = K^\circ$. □

注 7.1 以上证明需 K° 为凸锥, 而 K° 的凸性及锥的特点均可由极锥的定义得到.

因此, 凸函数之间的共轭对应包含了凸锥之间如下特殊的一一对应.

定理 7.2 设 K 为非空闭凸锥, 则 K 的极 K° 为另外的非空的闭凸锥, 且 $K^{\circ\circ} = K$. K 与 K° 的指示函数为相互共轭的.

证明 定理 7.2 的第一个论断能通过 K° 的表达式得到, 也能够直接从非空闭凸锥为包含它的齐次闭半空间的交 (推论 4.7) 得到. 对于非空闭凸锥 K 以及 $\widetilde{K} \subset K$, 我们容易得到 $K^\circ \subset \widetilde{K}^\circ$. 特殊地, 我们取 $\widetilde{K}$ 为单点集 $\{x\}$ 生成的锥, 则 $\widetilde{K}^\circ$ 为以 K 为法向量的正齐次下闭半空间 L_x, 那么 $K^\circ \subset L_x$. x 取遍 K 中全部的点, 则相应的 L_x 取遍包含 K° 的全部正齐次闭半空间. 由推论 4.7, K° 为非空的闭凸锥. □

注 7.2 定理 7.2 的第二部分结论需特别注意, 因为凸锥的指示函数反复出现在极值问题中, 且在确定相应的对偶问题时其共轭是需要的.

注 7.3 一般地, 对于任何非空闭凸锥 K, K° 由所有关于 K 在 0 点的法向量组成, 而 K 由所有关于 K° 在 0 点的法向量组成.

下面我们给出几个凸锥以及相应的极的例子.

例子 7.1 在 $\mathbb{R}^n$ 中, 对于原点这个单点集, 我们将其视为凸锥, 则其极为全空间.

例子 7.2 在 $\mathbb{R}^n$ 中, 对于在原点射出的一条射线, 则其极为以该射线为法向量的正齐次下闭半空间. 如图 7.1所示, 锥 $K = \{(x,y) \mid y = 2x, \ x \geqslant 0\}$ 的极锥为

$$K^\circ = \left\{ (x,y) \mid y \leqslant -\frac{x}{2} \right\}.$$

例子 7.3 在 $\mathbb{R}^n$ 中, 对于非负象限 $\mathbb{R}^n_+ := \{(x_1, \cdots, x_n) \mid x_i \geqslant 0, \ i = 1, \cdots, n\}$, 则其极为非正象限 $\mathbb{R}^n_- := \{(x_1, \cdots, x_n) \mid x_i \leqslant 0, \ i = 1, \cdots, n\}$. 如图 7.2所示, K 代表 $\mathbb{R}^n_+$, 其极 K° 为 $\mathbb{R}^n_-$.

例子 7.4 在 $\mathbb{R}^n$ 中, 对于 $\mathbb{R}^n$ 的子空间, 其极为正交补子空间. 如图 7.3所示, 在 $\mathbb{R}^2$ 中, $K = \{(x,y) \mid y = 2x\}$, 其正交补子空间为

$$K^\circ = \left\{ (x,y) \mid y = -\frac{x}{2} \right\}.$$

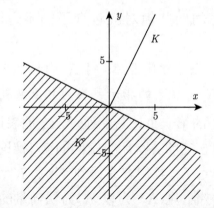

图 7.1   例子 7.2: 凸锥 K 与它的极锥

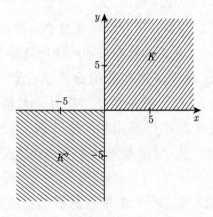

图 7.2   例子 7.3: 非负象限 $\mathbb{R}^n$ 与它的极锥

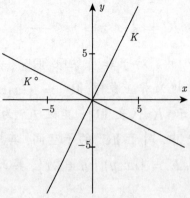

图 7.3   例子 7.4: $\mathbb{R}^2$ 中子空间 K 与它的极锥

例子 7.5 如果 K 为由非空向量集合 $\{a_i \mid i \in I\}$ 所产生的凸锥, 则 K 由所有 a_i 的非负线性组合构成, 即

$$K = \left\{ \sum_{i \in I} \lambda_i a_i \mid \lambda_i \geqslant 0 \right\}.$$

因此得到

$$K^\circ = \{x^* \mid \langle x, x^* \rangle \leqslant 0,\ \forall\, x \in K\} = \{x^* \mid \langle a_i, x^* \rangle \leqslant 0,\ \forall\, i \in I\}.$$

由此知道, K° 的极反过来为 $\mathrm{cl}K$. 因此, 形如

$$\{y \mid \langle a_i, y \rangle \leqslant 0,\ \forall\, i \in I\}$$

的凸锥的极为由 a_i 所生成的凸锥的闭包. 如果后一锥为闭的 (如在后面章节能够看到的, 这种情况经常在集合 $\{a_i \mid i \in I\}$ 为有限时出现), 极由 a_i 的所有非负线性组合组成.

例子 7.6 对于半正定锥

$$S_+^n := \{D \in S^n \mid v^\mathrm{T} D v \geqslant 0,\ \forall v \in \mathbb{R}^n\},$$

其极为半负定锥

$$S_-^n := \{D \in S^n \mid v^\mathrm{T} D v \leqslant 0,\ \forall v \in \mathbb{R}^n\},$$

这里 S^n 为全部的对称矩阵的集合.

证明 首先, 容易验证 $(S_-^n \subseteq S_+^n)^\circ$. 下面证明 $(S_-^n \supseteq S_+^n)^\circ$. 用反证法. 假设结论不成立, 则存在 $D_0 \notin S_-^n$ (即 D_0 至少存在一个正特征值), 使得

$$\langle D_0, D \rangle \leqslant 0, \quad \forall D \in S^n.$$

对 D_0 进行特征值分解得 $D_0 = P^\mathrm{T}\mathrm{Diag}(\lambda_1, \cdots, \lambda_n)P$, 这里 P 为正交矩阵, λ_i 为 D_0 的特征值. $\mathrm{Diag}(\lambda_1, \cdots, \lambda_n)$ 是由 $\lambda_1, \cdots, \lambda_n$ 为对角元组成的对角阵. 不妨设 $\lambda_1 > 0$. 我们可以取

$$D = P^\mathrm{T}\mathrm{Diag}(\lambda_1, 0, \cdots, 0)P \in S_+^n.$$

则

$$\langle D, D_0 \rangle = \lambda_1^2 p_1^{\mathrm{T}} p_1 > 0,$$

其中 p_1 为 D_0 关于 λ_1 的特征向量, 与已知矛盾. 因此 $(S_-^n \supseteq S_+^n)^\circ$. S_+^n 的极为 S_-^n.   □

我们同时回顾其他几类锥的相关定义.

定义 7.2 对于非空凸锥 K, $K^* := \{x \mid \forall x^* \in K, \langle x, x^* \rangle \geqslant 0\}$ 为 K 的对偶锥. 如果 $K = -K$, 则 K 为对称锥. 如果 $K^* = K$, 则 K 为自对偶锥. K 在 $a \in K$ 处的所有法向量组成的锥为 K 在 a 处的法锥, 记为 $N_K(a)$.

由定义我们可以得到, $K^* = -K^\circ$, $N_K(0) = K^\circ$. 当凸锥 $K \subset \mathbb{R}^2$ 时, K 与 K^* 及 K° 的关系如图 7.4所示.

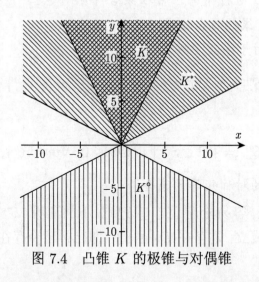

图 7.4 凸锥 K 的极锥与对偶锥

注 7.4 半正定锥 S_+^n 为自对偶锥. 原因在于 $(S_+^n)^* = -(S_+^n)^\circ = S_+^n$.

注 7.5 条件半正定锥 $K_+^n := \{D \in S^n \mid v^{\mathrm{T}} D v \geqslant 0, \ \forall v \in 1_n^\perp\}$ 不是自对偶锥. 原因在于: 由 S_+^n 与 K_+^n 的定义知 $S_+^n \subset K_+^n$, 由极关系知 $(K_+^n)^\circ \subset S_-^n$, 故 $(K_+^n)^* \neq K_+^n$.

7.2 凸锥与凸函数的共轭

与更一般的凸集相应的推广的极性将在后面讨论, 我们先刻画凸锥与凸函数的共轭之间的进一步联系.

定理 7.3 设 f 为正常凸函数, 则由 $\mathrm{dom}f$ 所生成的凸锥的极为 f^* 的回收锥. 对偶地, 如果 f 为闭的, 则 f 的回收锥的极为 $\mathrm{dom}f^*$ 所生成的凸锥的闭包.

证明 回顾函数的回收锥的定义, f^* 的回收锥为全部满足 $(f^*0^+)(y) \leqslant 0$ 的向量 y 组成的集合. 对于任意 $\alpha > \inf f^*$, 由定理 1.7 知, f^* 的回收锥为其任意的非空水平集的回收锥, 则 f^* 的回收锥与 (非空闭) 凸集

$$C = \{x^* \mid f^*(x^*) \leqslant \alpha\}$$

相同. 而

$$
\begin{aligned}
C &= \{x^* \mid f^*(x^*) \leqslant \alpha\} \\
&= \{x^* \mid \langle x, x^* \rangle - f(x) \leqslant \alpha, \ \forall \ x\} \\
&= \{x^* \mid \langle x, x^* \rangle \leqslant \alpha + f(x), \ \forall \ x \in \mathrm{dom}f\}.
\end{aligned}
$$

由 C 的表达式, 向量 $y^* \in 0^+C$ 当且仅当

$$x^* + \lambda y^* \in C, \quad \forall \ x^* \in C, \ \forall \ \lambda \geqslant 0. \tag{7.1}$$

下面先证明 (7.1) 成立当且仅当

$$\langle x, y^* \rangle \leqslant 0, \quad \forall \ x \in \mathrm{dom}f. \tag{7.2}$$

注意到 (7.1), 当且仅当对任意的 $x^* \in C$, 即

$$\langle x, x^* \rangle \leqslant f(x) + \alpha, \quad \forall \ x \in \mathrm{dom}f,$$

有

$$\langle x, x^* + \lambda y^* \rangle \leqslant f(x) + \alpha, \quad \forall x \in \mathrm{dom}f, \forall \lambda \geqslant 0.$$

因此 (7.1) 当且仅当 (7.2) 成立. 故得到

$$0^+ C = \{ y^* \mid \langle x, y^* \rangle \leqslant 0, \ \forall \ x \in \mathrm{dom} f \}$$
$$= \{ y^* \mid \langle \lambda x, y^* \rangle \leqslant 0, \ \forall \ x \in \mathrm{dom} f, \ \forall \ \lambda \geqslant 0 \}$$
$$= \{ y^* \mid \langle y, y^* \rangle \leqslant 0, \ \forall \ y \in K \}, \tag{7.3}$$

其中

$$K = \{ y \mid \exists \ x \in \mathrm{dom} f, \ \exists \ \lambda \geqslant 0, \ \text{使得} y = \lambda x \}.$$

因此 $0^+ C = K^\circ$, 其中 K 为由 $\mathrm{dom} f$ 所生成的凸锥. 定理的对偶部分由 f 为闭时 $f^{**} = f$ 而得到. $\qquad\square$

推论 7.1 非空闭凸集 C 的闸锥的极为 C 的回收锥.

证明 取 f 为 C 的支撑函数, 即 $f = \delta^*(\cdot \mid C)$, 以便由定理 6.2 得到 f^* 为 C 的指示函数. 支撑函数 f 的有效域为 C 的闸锥. 由 [6, 第 2 章] 可知, 闸锥 (障碍锥) 为凸锥. 由定理 7.3 知, C 的闸锥的极为 C 的指示函数 $\delta(\cdot \mid C)$ 的回收锥. 由定理 1.7 知, $\delta(\cdot \mid C)$ 的回收锥为 $\{ x \mid \delta(x \mid C) = 0 \}$ 的回收锥, 即 C 的回收锥. $\qquad\square$

推论 7.2 设 f 为闭正常凸函数, 则对于每个 α, $\{ x \mid f(x) \leqslant \alpha \}$ 为有界集的充要条件是 $0 \in \mathrm{int}(\mathrm{dom} f^*)$.

证明 我们知道 $0 \in \mathrm{int}(\mathrm{dom} f^*)$ 当且仅当由 $\mathrm{dom} f^*$ 所生成的凸锥就是 $\mathbb{R}^n$ 本身 ([6, 推论 6.4]). 另一方面, 水平集 $\{ x \mid f(x) \leqslant \alpha \}$ 为有界集当且仅当 f 的回收锥, 记为 K°, 仅由零向量组成 (定理 1.7 和定理 1.4). 我们有 $K^0 = \{0\}$ 当且仅当 $\mathrm{cl} K = \{0\}^\circ = \mathbb{R}^n$, 且由 $\mathrm{cl} K = \mathbb{R}^n$ 确实得到 $K = \mathbb{R}^n$. 结合定理 7.3, 两方面互为充要条件. $\qquad\square$

定理 7.4 设 f 为闭正常凸函数并且满足 $f(0) > 0 > \inf f$, 则由水平集

$$L_f = \{ x \mid f(x) \leqslant 0 \}$$

和

$$L_{f^*} = \{ x^* \mid f^*(x^*) \leqslant 0 \}$$

所生成的闭凸锥相互为极.

证明 因为

$$f^*(0) = \sup_x \langle x, 0 \rangle - f(x) = -\inf f,$$

且 $f(0) = -\inf f^*$. 所以, 由假设得到 $f^*(0) > 0 > \inf f^*$. 因此 L_f 和 L_{f^*} 为不含有坐标原点的非空闭凸集. 设 k 为由 f 所生成的正齐次凸函数. 由定理 6.5 知, L_{f^*} 的支撑函数为 $\mathrm{cl} k$. 由定理 6.2 知, L_{f^*} 的指示函数为 $(\mathrm{cl} k)^*$, 则 $\mathrm{cl} k$ 与 $\{x^* \mid f^*(x^*) \leqslant 0\}$ 的指示函数互为共轭. 由定理 7.3 知, $\mathrm{cl} k$ 的回收锥 K 和由 L_{f^*} 所生成的凸锥的闭包相互为极, 我们必须证明 K 为由 L_f 所生成的凸锥的闭包. 注意到由定义, 有如下关系成立:

$$K = \{x \mid (\mathrm{cl} k)0^+ \leqslant 0\} = \{x \mid \mathrm{cl} k(x) \leqslant 0\}.$$

由正齐次性有 $(\mathrm{cl} k)0^+ = \mathrm{cl} k$. 结合函数的回收锥定义有

$$K = \{x \mid (\mathrm{cl} k)0^+(x) \leqslant 0\} = \{x \mid (\mathrm{cl} k)(x) \leqslant 0\}.$$

因此, 由 [6, 定理 7.5] 知, 当等式最后一项的集合非空时, 有

$$K = \mathrm{cl} \{x \mid k(x) \leqslant 0\} = \mathrm{cl} \{x \mid k(x) < 0\}.$$

现设 A 为 $\{x \mid f(x) \leqslant 0\}$ 生成的凸锥, $B := \{x \mid k(x) \leqslant 0\}$, $C := \{x \mid k(x) < 0\}$. 只需证明 $C \subset A \subset B$, 同时取闭包可证明 K 为由 $\{x \mid f(x) \leqslant 0\}$ 所生成的凸锥的闭包.

先证明 $A \subset B$. 对任意的 $x \in A$, 存在 $\mu > 0$ 使得 $f(\mu^{-1}x) \leqslant 0$, 则 $\mu f(\mu^{-1}x) \leqslant 0$. 因此

$$k(x) = \inf_{\lambda \geqslant 0} f\lambda(x) \leqslant \mu f(\mu^{-1}x) \leqslant 0.$$

即 $k(x) \leqslant 0$, 故有 $x \in B$, 则 $A \subset B$. 再证明 $C \subset A$. 对任意的 $x \in C$, 有 $k(x) < 0$. 即存在数列 $\{\lambda_n\}$ 使得 $f((\lambda_n)^{-1}x) < 0$, 即存在数列 $\{\lambda_n\}$ 使得

$$(\lambda_n)^{-1}x \in \{x \mid f(x) \leqslant 0\}.$$

由此得到 $x \in A$, 则 $C \subset A$. 因此 $\{x \mid f(x) \leqslant 0\}$ 所生成的凸锥介于 $\{x \mid k(x) < 0\}$ 与 $\{x \mid k(x) \leqslant 0\}$ 之间, 所以, 它的闭包一定为 K. $\quad\square$

　　凸锥之间的极性对应可以由凸函数之间的共轭对应而得到. 反向的
结果也是可能的. 首先我们回顾定理 1.2: 对于一个 $\mathbb{R}^n$ 上的非空闭凸
集 C, K_1 为 $\mathbb{R}^{n+1}$ 中由 $\{(1,x)|x \in C\}$ 生成的凸锥. 我们有

$$\mathrm{cl}K_1 = K_1 \cup \{(0,x)|x \in 0^+C\}.$$

对应地, 我们得到, K_2 为 $\mathbb{R}^{n+2}$ 中由 $\{(1,x,\mu) \mid (x,\mu) \in \mathrm{epi}f\}$ 生成的凸
锥, 则得

$$\mathrm{cl}K_2 = K_2 \cup \{(0,x,\mu)|(x,\mu) \in 0^+(\mathrm{epi}f)\}.$$

故 $\mathrm{cl}K_2$ 就是满足 $\lambda > 0$ 以及 $\mu > (f\lambda)(x)$, 或 $\lambda = 0$ 以及 $\mu \geqslant (f0^+)(x)$
的 $(\lambda,x,\mu) \in \mathbb{R}^{n+2}$ 所构成的集合. 原因如下: $\lambda(1,x,\mu) \in \mathrm{cl}K_2$, 有两种
情形, 要么 $\lambda > 0, \lambda(1,x,\mu) \in \mathrm{cl}K_2 \in K_2$,, 要么 $\lambda = 0, (x,\mu) \in 0^+(\mathrm{epi}f)$.
前者等价于

$$\lambda > 0, \quad \lambda\mu \geqslant f(\lambda x),$$

即

$$\lambda > 0, \quad \mu \geqslant f\lambda(x).$$

后者等价于

$$\lambda = 0, \quad (x,\mu) \in \mathrm{epi}f0^+,$$

即

$$\lambda = 0, \quad \mu \geqslant f0^+(x).$$

　　我们现在将证明 f 的共轭可以通过 K 的极经过微小变化而得到.

　　定理 7.5　设 f 为定义在 $\mathbb{R}^n$ 上的闭正常凸函数, 令 K 为由满
足 $\mu \geqslant f(x)$ 的向量 $(1,x,\mu) \in \mathbb{R}^{n+2}$ 所生成的凸锥, K^* 为由满足
$\mu^* \geqslant f^*(x^*)$ 的向量 $(1,x^*,\mu^*) \in \mathbb{R}^{n+2}$ 所生成的凸锥, 则

$$\mathrm{cl}\,K^* = \{(\lambda^*,x^*,\mu^*) \mid (-\mu^*,x^*,-\lambda^*) \in K^\circ\}.$$

　　证明　首先证明 $\mathrm{cl}K$ 包含向量 $(0,0,1)$ 但不包含 $(0,0,-1)$. 因为
f 为正常的, 对于任意 $(x,y) \in \mathrm{epi}f$, 即 $y \geqslant f(x)$, 对于任意 $\lambda \geqslant 0$ 有
$y + \lambda \geqslant f(x)$, 即

$$(x,y) + \lambda(0,1) = (x,y+\lambda) \in \mathrm{epi}f,$$

这说明了 $(0,1) \in 0^+ \mathrm{epi} f$, 结合上述 $\mathrm{cl} K$ 的形式表述, 我们得到 $\mathrm{cl} K$ 包含向量 $(0,0,1)$. 但我们取 $(x_0, y_0) \in \mathrm{epi} f$, $\lambda = |f(x_0)| + y_0$, 则可知

$$(x_0, y_0) + \lambda(0,-1) = (x_0, -|f(x_0)|) \notin \mathrm{epi} f,$$

因此 $\mathrm{cl} K$ 不包含 $(0,0,-1)$.

由 $(0,0,1)$ 生成的锥 $L \subset K$, 由极关系得 $K^\circ \subset L^\circ := H$. 因此, 极锥 $(\mathrm{cl} K)^\circ = K^\circ$ 包含于半空间

$$H = \{(-\mu^*, x^*, -\lambda^*) \mid \lambda^* \geqslant 0\}$$

之中. 但是, 并不包含于 H 的边界. 反设 $\mathrm{cl} K \subset \mathrm{bd}(H)$, 其中 $\mathrm{bd}(H)$ 表示 H 的边界, 即

$$\mathrm{bd}(H) = \{(-\mu, x^*, 0)\}.$$

则对任意的 $(-\mu, x^*, 0) \subset \mathrm{cl} K \subset \mathrm{bd}(H)$, 有

$$\langle (-\mu, x^*, 0), (0,0,-1) \rangle = 0.$$

即 $(0,0,-1) \in K^{\circ\circ} = \mathrm{cl} K$. 这与 $\mathrm{cl} K$ 不包含 $(0,0,-1)$ 矛盾. 因此, K° 为其本身与 H 的内部的交的闭包 ([6, 推论 6.6]), K° 为由超平面

$$\{(-\mu^*, x^*, -\lambda^*) \mid \lambda^* = 1\}$$

与 K° 的交所生成的凸锥的闭包. 向量 p 属于 K° 当且仅当

$$\langle p, \lambda(1, x, \mu) \rangle \leqslant 0, \quad \forall \lambda \geqslant 0, \ \mu \geqslant f(x).$$

因此, $(-\mu^*, x^*, -1)$ 属于 K° 当且仅当只要 $\mu \geqslant f(x)$ 就有

$$-\mu^* + \langle x, x^* \rangle - \mu \leqslant 0,$$

即, 当且仅当

$$\mu^* \geqslant \sup_x \sup_{\mu \geqslant f(x)} \{\langle x, x^* \rangle - \mu\} \geqslant \sup_x \{\langle x, x^* \rangle - f(x)\} = f^*(x^*).$$

这说明了 K° 是由形如 $(-\mu^*, x^*, -1)$ 的向量生成的凸锥的闭包. 而 $(-\mu^*, x^*, -1)$ 在映射

$$(\lambda^*, x^*, \mu^*) \to (-\mu^*, x^*, -\lambda^*)$$

下的像为 $(1, x^*, \mu^*)$, 其中 $\mu^* \geqslant f(x^*)$. 则 K° 在此映射下的像为由满足 $\mu^* \geqslant f^*(x^*)$ 的向量 $(1, x^*, \mu^*)$ 所生成的凸锥的闭包, 即为 K° 的闭包. $\qquad\square$

7.3 凸集的情形

凸锥之间的极对应能够推广到所有包含原点的闭凸集类上去. 这能够通过对凸集的度规函数而不是凸锥的指示函数取共轭而看到.

性质 7.1 当集合 C 为锥时, 非空凸集的度规函数 [6, 定义 4.6] 与指示函数是相同的.

证明 注意到

$$\gamma(x \mid C) = \inf\{\lambda > 0 \mid x \in \lambda C\}.$$

如果 $x \in C$, 则 $\gamma(x \mid C) = 0$. 如果 $x \notin C$, 对于任意的 $\lambda > 0$, $x \notin \lambda C$, 则 $\gamma(x \mid C) = \infty$, 因此 $\gamma(x \mid C) = \delta(x \mid C)$. $\qquad\square$

定义 7.3 设 C 为非空凸集. 由定义 [6, 定义 4.6] 知, 度规函数 $\gamma(\cdot \mid C)$ 是由 $f = \delta(\cdot \mid C) + 1$ 所生成的正齐次凸函数. $\gamma(\cdot \mid C)$ 的闭包为 $\{x^* \mid f^*(x^*) \leqslant 0\}$ (定理 6.5) 的支撑函数.

因为

$$\begin{aligned}
f^*(x^*) &= \sup\{\langle x, x^* \rangle - f(x)\} \\
&= \sup\{\langle x, x^* \rangle - \delta(x|C) - 1\} \\
&= \delta^*(\cdot|C) - 1,
\end{aligned}$$

所以

$$\mathrm{cl}\,\gamma(\cdot \mid C) = \delta^*(\cdot \mid C^\circ),$$

其中 C° 为由

$$C^\circ = \{x^* \mid \delta^* (x^* \mid C) - 1 \leqslant 0\}$$
$$= \{x^* \mid \sup\{\langle x, x^* \rangle - \delta(x|C)\} \leqslant 1\}$$
$$= \{x^* \mid \forall x \in C, \langle x, x^* \rangle \leqslant 1\}$$

所定义的闭凸集. 集合 C° 称为 C 的极.

定理 7.6 设 C 为含有原点的闭凸集, 则极 C° 为另外一个含有坐标原点的闭凸集, 且 $C^{\circ\circ} = C$. C 的度规函数为 C° 的支撑函数. 对偶地, C° 的度规函数为 C 的支撑函数.

证明 C° 的极为

$$C^{\circ\circ} = \{x \mid \forall x^* \in C^\circ, \langle x, x^* \rangle \leqslant 1\}$$
$$= \{x \mid \forall x^*, \langle x, x^* \rangle - \delta (x^*|C^\circ) \leqslant 1\}$$
$$= \{x \mid \delta^* (x|C^\circ) \leqslant 1\}$$
$$= \{x \mid \operatorname{cl} \gamma(x|C) \leqslant 1\}.$$

如果 C 自身包含坐标原点且为闭的, 则由推论 2.7 可知, 后一集合恰为 C, 即 $C^{\circ\circ} = C$. 定理后一部分由定义易知. $\qquad\square$

一般地, 有 $C^\circ = D^\circ$, 其中

$$D = \operatorname{cl}(\operatorname{conv}(C \cup \{0\})).$$

证明 记 $A_{x^*} := \{x \mid \langle x, x^* \rangle \leqslant 1\}$. 若 A_{x^*} 是闭凸集, $C \subseteq A_{x^*}$, $0 \in A_{x^*}$, 则 $D \subseteq A_{x^*}$. 也就是说, A_{x^*} 包含 C 当且仅当包含 D. 注意到

$$C^\circ = \{x^* \mid \forall x \in C, \langle x, x^* \rangle \leqslant 1\}$$
$$= \{x^*|C \subset A_{x^*}\}$$
$$= \{x^*|D \subset A_{x^*}\}$$
$$= \{x^*|\forall x \in D, \langle x, x^* \rangle \leqslant 1\}$$
$$= D^\circ,$$

则有 $C^\circ = D^\circ$. 因为 $D^{\circ\circ} = D$, 所以

$$C^{\circ\circ} = \mathrm{cl}(\mathrm{conv}(C \cup \{0\})).\qquad\qquad \square$$

推论 7.3 设 C 为包含原点的闭凸集, 则 C° 有界当且仅当 $0 \in \mathrm{int}\,C$. 对偶地, C 为有界的当且仅当 $0 \in \mathrm{int}\,C^\circ$.

证明 我们知道, C 有界当且仅当 C° 的支撑函数 $\gamma(\cdot \mid C)$ 处处有限 (推论 6.3). 另一方面, $0 \in \mathrm{int}\,C$ 当且仅当对任意 $x \in \mathbb{R}^n$, 存在 $\varepsilon > 0$ 使得 $\varepsilon x \in C$ ([6, 推论 6.4]), 取 $\lambda = \dfrac{1}{\varepsilon}$, 则有 $x \in \lambda C$, 这说明 $\inf\{\lambda > 0 \mid x \in \lambda C\}$ 在 x 有限, 即 $\gamma(\cdot \mid C)$ 处处有限. 当 $\gamma(\cdot \mid C)$ 处处有限时, 对任意 $x \in \mathbb{R}^n$, 存在 $\lambda_0 > 0$ 使得 $x \in \lambda_0 C$, 则由 [6, 推论 6.4] 知, $0 \in \mathrm{int}\,C$. $\square$

注 7.6 凸锥 K 的极与 K 作为凸集时的极是一致的, 因为半空间 $A := \{x \mid \langle x, x^*\rangle \leqslant 1\}$ 含有凸锥 K 当且仅当 $B := \{x \mid \langle x, x^*\rangle \leqslant 0\}$ 含有凸锥 K, 即 $K \subseteq A \Leftrightarrow K \subseteq B$.

证明 由于 $B \subseteq A$, 因此 $K \subseteq B \Rightarrow K \subseteq A$.

下证 $K \subseteq A \Rightarrow K \subseteq B$. 由于 K 为锥, 故对任意的 $x \in K$, $\lambda \geqslant 0$, $\lambda x \in K$, 即

$$\langle x, x^*\rangle \leqslant 1, \ \forall\, x \Rightarrow \langle \lambda x, x^*\rangle \leqslant 1, \ \forall\, x, \ \forall\, \lambda \geqslant 0.$$

后者成立当且仅当

$$\langle x, x^*\rangle \leqslant 0.$$

否则, 将与 K 为锥矛盾. 故得到 $K \subset B$. 因此 $K \subseteq A \Leftrightarrow K \subseteq B$. $\square$

注 7.7 注意到极性为倒序的, 即由 $C_1 \subset C_2$ 得到 $C_1^\circ \supset C_2^\circ$. 举例如下.

例子 7.7

$$C_1 = \{x = (\xi_1, \cdots, \xi_n) \mid \xi_j \geqslant 0, \xi_1 + \cdots + \xi_n \leqslant 1\},$$
$$C_2 = \{x = (\xi_1, \cdots, \xi_n) \mid |\xi_1| + \cdots + |\xi_n| \leqslant 1\},$$
$$C_3 = \left\{x = (\xi_1, \xi_2) \mid (\xi_1 - 1)^2 + \xi_2^2 \leqslant 1\right\},$$
$$C_4 = \left\{x = (\xi_1, \xi_2) \mid \xi_1 \leqslant 1 - (1 + \xi_2^2)^{1/2}\right\},$$

以上集合的极分别为

$$C_1^\circ = \left\{x^* = (\xi_1^*, \cdots, \xi_n^*) \mid \xi_j^* \leqslant 1, j = 1, \cdots, n\right\},$$
$$C_2^\circ = \left\{x^* = (\xi_1^*, \cdots, \xi_n^*) \mid |\xi_j^*| \leqslant 1, j = 1, \ldots, n\right\},$$
$$C_3^\circ = \left\{x^* = (\xi_1^*, \xi_2^*) \mid \xi_1^* \leqslant \left(1 - \xi_2^{*2}\right)/2\right\},$$
$$C_4^\circ = \operatorname{conv}(P \cup \{0\}),$$

其中

$$P = \left\{x^* = (\xi_1^*, \xi_2^*) \mid \xi_1^* \geqslant \left(1 + \xi_2^{*2}\right)/2\right\}.$$

证明 由定义知

$$C_1^\circ = \{x^* \mid \langle x, x^* \rangle \leqslant 1, \ \forall \ x \in C_1\}.$$

记

$$\overline{C}_1 = \left\{x^* = (\xi_1^*, \cdots, \xi_n^*) \mid \xi_j^* \leqslant 1, j = 1, \cdots, n\right\}.$$

下证 $C_1^\circ = \overline{C}_1$. 先证 $C_1^\circ \subseteq \overline{C}_1$. 分别取

$$x = e_i, \quad i = 1, \cdots, n,$$

可得到 $\xi_i^* \leqslant 1, i = 1, \cdots, n$. 故 $C_1^\circ \subseteq \overline{C}_1$. 下面证明 $C_1^\circ \supseteq \overline{C}_1$. 当 $\xi_i^* \leqslant 1$ 时,

$$\langle x, x^* \rangle \leqslant \xi_1 + \cdots + \xi_n \leqslant 1.$$

则 $C_1^\circ \supseteq \overline{C}_1$. 因此 $C_1^\circ = \overline{C}_1$.

对于 C_2°, 其求解方式与 C_1° 类似. 记

$$\overline{C}_2 = \left\{x^* = (\xi_1^*, \cdots, \xi_n^*) \mid |\xi_j^*| \leqslant 1, j = 1, \cdots, n\right\}.$$

取

$$x = \pm e_i, \quad i = 1, \cdots, n,$$

得到 $|\xi_j^*| \leqslant 1, \forall j = 1, \cdots, n$. 因此 $C_2^\circ \subseteq \overline{C}_2$. 当 $x^* \in \overline{C}_2$ 时,

$$|\xi_j^*| \leqslant 1, \quad \forall j = 1, \cdots, n.$$

此时

$$\langle x, x^* \rangle \leqslant |\xi_1| + \cdots + |\xi_n| \leqslant 1.$$

则 $C_2^\circ \supseteq \overline{C}_2$. 故

$$C_2^\circ = \left\{ x^* = (\xi_1^*, \cdots, \xi_n^*) \mid |\xi_j^*| \leqslant 1, j = 1, \cdots, n \right\}.$$

对于 C_3. 记

$$\overline{C}_3 = \left\{ x^* = (\xi_1^*, \xi_2^*) \mid \xi_1^* \leqslant \left(1 - \xi_2^{*2} \right) / 2 \right\}.$$

通过三角代换, 设

$$\begin{cases} \xi_1 - 1 = r \cos \alpha, \\ \xi_2 = r \sin \alpha, \end{cases} \quad \alpha \in [0, 2\pi), \ r \in [0, 1],$$

则

$$C_3^\circ = \{ x^* = (\xi_1^*, \xi_2^*) \mid (r \cos \alpha + 1)\xi_1^* + r \sin \alpha \xi_2^* \leqslant 1, \ r \in [0, 1], \ \alpha \in [0, 2\pi) \}.$$

整理后可得到

$$r \sqrt{\xi_1^{*2} + \xi_2^{*2}} \sin(\alpha + \phi) \leqslant 1 - \xi_1^*, \quad \tan \phi = \frac{\xi_1^*}{\xi_2^*}.$$

特别地, 取 $r = 1$, $\sin(\alpha + \phi) = 1$, 则有

$$\sqrt{\xi_1^{*2} + \xi_2^{*2}} \leqslant 1 - \xi_1^*.$$

整理后得到

$$\xi_1^* \leqslant \left(1 - \xi_2^{*2} \right) / 2.$$

因此 $C_3^\circ \subseteq \overline{C}_3$. 下证 $C_3^\circ \supseteq \overline{C}_3$. 由 $\xi_1^* \leqslant (1 - \xi_2^{*2})/2$, 可得到

$$\frac{1 - \xi_1^*}{\sqrt{\xi_1^{*2} + \xi_2^{*2}}} \geqslant 1 \geqslant \lambda \sin(\alpha + \phi).$$

即

$$\langle x, x^* \rangle \leqslant 1, \quad \forall\, x.$$

故 $C_3^\circ \supseteq \overline{C}_3$. 综上得到 $C_3^\circ = \overline{C}_3$.

对于 C_4, 欲证 $C_4^\circ = \operatorname{conv}(P \cup \{0\})$, 可证

$$C_4^{\circ\circ} = (\operatorname{conv}(P \cup \{0\}))^\circ,$$

即

$$C_4 = P^\circ.$$

由于

$$\xi_1 \geqslant \frac{1 + \xi_2^2}{2},$$

当 $\xi_1^* \leqslant 0$ 时, 由

$$\xi_1^* \xi_1 \leqslant \xi_1^* \frac{1 + \xi_2^2}{2},$$

我们有

$$\xi_1^* \xi_1 + \xi_2^* \xi_2 \leqslant \xi_1^* \frac{1 + \xi_2^2}{2} + \xi_2^* \xi_2.$$

当 $\xi_1^* \leqslant 0$ 时, 上式写成关于 ξ_2 的二次函数

$$\xi_1^* \xi_2^2 + 2\xi_2^* \xi_2 + \xi_1^* - 2 \leqslant 0.$$

对于开口向下的二次函数不等式在 $\mathbb{R}$ 都有解当且仅当

$$4((\xi_2^*)^2 - (\xi_1^*)^2 + 2\xi_1^*) \leqslant 0,$$

化简得

$$\sqrt{(\xi_2^*)^2 + 1} \leqslant 1 - \xi_1^*.$$

若 $\xi_1^* > 0$, 则根据上部分推导依然可以得到

$$\sqrt{(\xi_2^*)^2 + 1} \leqslant 1 - \xi_1^*.$$

注意此时左侧大于 1、右侧小于 1, 这是矛盾的. 另一方面, 由 $\xi_1^* \leqslant 0$ 和 $\sqrt{(\xi_2^*)^2 + 1} \leqslant 1 - \xi_1^*$ 可以由以上过程逆推导出 $\xi_1^* \xi_1 + \xi_2^* \xi_2 \leqslant 1$. 综上可以推得结论.   □

定理 7.7   设 C 和 C° 为包含原点的闭凸集的极对, 则 C 的回收锥以及由 C° 所生成的凸锥的闭包相互为极. C 的线性空间与由 C 所生成的子空间互为正交补. 其中, 包含原点的集合所生成的子空间为其仿射集. 对偶地, 当 C 和 C° 交换位置时也成立.

证明 C 的回收锥为闭凸锥且因为 $0 \in C$, 则由推论 1.3 得到 $0^+ C = \bigcap_{\varepsilon > 0} \varepsilon C$, 它是包含于 C 内的最大的锥 (这是因为假设存在闭凸锥 K 使得 $0^+ C \subset K \subset C$, 则存在 $x_0 \in K$, $x_0 \notin 0^+ C$. 则对任意的 $\lambda > 0$, $\lambda x_0 \in C$, 即 $x_0 \in 0^+ C$, 这是矛盾的). 由极关系得到, 它的极一定为包含 C° 的最小的闭凸锥, 且是由 C° 所生成的凸锥的闭包.

类似地, C 的线性空间为包含于 C 的最大子空间, 由于 $0 \in C$, 所以, 它的正交补一定为包含 C° 的最小子空间.   □

7.4   关于维数的结论

首先回顾一下线性空间与线性性. 对于非空凸集 C, $(-0^+ C) \cap 0^+ C$ 为它的线性空间. 线性空间的维度称为 C 的线性性, 记作 lineality C. dimension C 为由 C 生成的子空间的维度.

推论 7.4   设 C 为 $\mathrm{I\!R}^n$ 中包含原点的闭凸集, 则

$$\text{dimension } C^\circ = n - \text{ lineality } C,$$
$$\text{lineality } C^\circ = n - \text{ dimension } C,$$
$$\text{rank } C^\circ = \text{ rank } C.$$

证明   当凸集包含有 0 时, 它所产生的子空间与它所产生的仿射集吻合 (见文献 [6, 定理 1.1]). C 和 C° 之间的维数关系由定理中的正交关系而得到.   □

下面考虑凸集 $\mathbb{R}^n_+$ 与 S^n_+ 的线性性.

例子 7.8 在 $\mathbb{R}^n$ 中, 对于 $\mathbb{R}^n_+$, 由例子 7.3 我们知道它的极为 $\mathbb{R}^n_-$. $\mathbb{R}^n_+$ 生成的子空间为全空间 $\mathbb{R}^n$, 则 dimension $\mathbb{R}^n_+ = n$. 已知对于 $\mathbb{R}^n_+$, 全部的正方向为它的回收方向, 则 $0^+\mathbb{R}^n_+ = \mathbb{R}^n_+$. 它的线性空间为 $(-\mathbb{R}^n_+) \cap \mathbb{R}^n_+ = \{0\}$, 则 lineality $\mathbb{R}^n_+ = 0$. 同理有 dimension $\mathbb{R}^n_- = n$, lineality $\mathbb{R}^n_- = 0$. 这符合推论 7.4.

例子 7.9 在 S^n 中, 对于 S^n_+, 由例子 7.6 我们知道它的极为 S^n_-. S^n_+ 生成的子空间为全空间 S^n. 这是由于 S^n_+ 的仿射集为

$$\{\alpha D_1 + (1-\alpha)D_2 \mid \forall \alpha,\ \forall D_1, D_2 \in S^n_+\} \subset S^n.$$

另一方面, 任意的 $D \in S^n$, 对其做特征值分解得 $D = P^{\mathrm{T}} \mathrm{diag}\{\lambda_1, \cdots, \lambda_n\}P$. 取

$$D_1 = P^{\mathrm{T}} \mathrm{diag}\{(\lambda_1)_+, \cdots, (\lambda_n)_+\}P \subset S^n_+,$$

$$D_2 = P^{\mathrm{T}} \mathrm{diag}\{(\lambda_1)_-, \cdots, (\lambda_n)_-\}P \subset S^n_+,$$

其中 $(\cdot)_+ = \max(\cdot, 0)$, $(\cdot)_- = -\min(\cdot, 0)$, 则有 $D = D_1 - D_2$. 由于 S^n_+ 为凸锥, 我们可以在 S^n_+ 找到 $D_3 = \dfrac{1}{2}D_1 \subset S^n_+$, 则

$$D = 2D_3 - D_2 \subset \{\alpha D_1 + (1-\alpha)D_2 \mid \forall \alpha,\ \forall D_1, D_2 \in S^n_+\}.$$

则 S^n_+ 的仿射集为 S^n. 由此得到

$$\mathrm{dimension}\ S^n_+ = \frac{n(n+1)}{2}.$$

下面考虑其生成的线性空间, 对于 $\forall D, X \in S^n_+$, 对任意的 $\lambda > 0$, 有 $X + \lambda D \in S^n_+$, 则 D 为 S^n_+ 的回收方向, 即

$$S^n_+ \subset 0^+(S^n_+).$$

另一方面, 对于任意的 $D \in 0^+(S^n_+)$, 取 $X = 0$, $\forall \lambda > 0$, 有

$$X + \lambda D = \lambda D \in S_+^n,$$

即 $D \in S_+^n$, 则 $0^+(S_+^n) \subset S_+^n$, 我们得到

$$0^+(S_+^n) = S_+^n.$$

则其线性空间为

$$(-0^+(S_+^n)) \cap 0^+(S_+^n) = \{0\},$$

故 lineality $S_+^n = 0$. 同理有

$$\text{dimension } S_-^n = \frac{n(n+1)}{2}, \quad \text{lineality } S_-^n = 0.$$

这符合推论 7.4.

7.5 水平集的极关系

一般地, 凸函数及其共轭函数的水平集之间没有简单的极关系. 然而, 对于一类重要的函数, 确实成立一个有用的不等式.

定理 7.8 设 f 为非负闭凸函数并且在原点的值为零, 则 f^* 也是非负的且在原点的值为零, 并且对于 $0 < \alpha < \infty$ 有

$$\{x \mid f(x) \leqslant \alpha\}^\circ \subset \alpha^{-1} \{x^* \mid f^*(x^*) \leqslant \alpha\} \subset 2\{x \mid f(x) \leqslant \alpha\}^\circ.$$

证明 先证明

$$\alpha^{-1} \{x^* \mid f^*(x^*) \leqslant \alpha\} \subset 2\{x \mid f(x) \leqslant \alpha\}^\circ. \tag{7.4}$$

由假设知道 $\inf f = f(0) = 0$. 因为

$$f^*(0) = \sup\{\langle 0, x \rangle - f(x)\} = -\inf f = 0,$$

且

$$f^{**}(0) = \sup\{\langle 0, x^* \rangle - f^*(x^*)\} = -\inf f^* = 0.$$

即 $\inf f^* = 0$. 故得到 f^* 为非负函数. 再由定理 5.2 得 f^* 为非负闭凸函数. 令

$$C = \{x \mid f(x) \leqslant \alpha\}, \quad 0 < \alpha < \infty.$$

这个 C 为含有原点的闭凸集. 可以将 C 写为 $C = \{x \mid h(x) \leqslant 0\}$, 其中 $h(x) = f(x) - \alpha$. 那么, $h^*(x^*) = f^*(x^*) + \alpha$ 为非负闭凸函数, 且由 h^* 所生成的正齐次凸函数的闭包是 C 的支撑函数 $\delta^*(\cdot|C)$ (定理 6.5). 但是, 由定理 7.6 可知 $\delta^*(x^*|C) = \gamma(x^*|C^\circ)$. 因为 $0 < h^*(0) < \infty$, 由 h^* 所生成的正齐次凸函数本身为闭的 (定理 2.7), 因而得到如下关系式:

$$\gamma(x^*|C^\circ) = \inf\{(h^*\lambda)(x^*) \mid \lambda > 0\}.$$

特别地, $\gamma(x^*|C^\circ) \leqslant h^*(x^*)$, 从而有

$$\begin{aligned}
\{x^* \mid f^*(x^*) \leqslant \alpha\} &= \{x^* \mid h^*(x^*) \leqslant 2\alpha\} \\
&\subset \{x^* \mid \gamma(x^*|C^\circ) \leqslant 2\alpha\} \\
&= 2\alpha C^\circ, \ (\text{推论 2.7})
\end{aligned}$$

由此得到 (7.4). 下证

$$\{x \mid f(x) \leqslant \alpha\}^\circ \subset \alpha^{-1}\{x^* \mid f^*(x^*) \leqslant \alpha\}. \tag{7.5}$$

记

$$A = \{x^* \mid \delta(x^* \mid C^\circ) << \alpha\}, \quad B = \{x^* \mid f^*(x^*) \leqslant \alpha\}.$$

注意到

$$\mathrm{cl}(A = \{x^* \mid \delta(x^* \mid C^\circ) \leqslant \alpha\}.$$

由推论 2.7, 有 $\mathrm{cl}(A) = \alpha C^\circ$. 因此若

$$A \subseteq B \tag{7.6}$$

成立, 则

$$\mathrm{cl}(A) \subseteq \mathrm{cl}(B) = B.$$

因此下面只需证明 (7.6). 取 $x^* \in A$, 则 $\gamma(x^* \mid C^\circ) < \alpha$. 由

$$\gamma(x^* \mid C^\circ) = \delta^*(x^* \mid C) = \inf\{(h^*\lambda)(x^*) \mid \lambda > 0\}$$

知, 存在 $\lambda > 0$, 使得

$$\alpha > (h^*\lambda)(x^*) = \lambda h^*(\lambda^{-1}x^*) = \lambda f^*(\lambda^{-1}x^*) + \lambda\alpha.$$

而 $f^*(x^*) \geqslant 0$, $\alpha > 0$, 因此有

$$0 < \lambda f^*(\lambda^{-1}x^*) + \lambda\alpha < \alpha.$$

故 λ 只能在 0 和 1 之间, 即 $0 < \lambda < 1$. 由 f 的凸性,

$$\begin{aligned} f^*(x^*) &= f^*((1-\lambda)0 + \lambda(\lambda^{-1}x^*)) \\ &\leqslant (1-\lambda)f^*(0) + \lambda f^*(\lambda^{-1}x^*) \\ &\leqslant 0 + \lambda f^*(\lambda^{-1}x^*) \\ &< (1-\lambda)\alpha \\ &< \alpha. \end{aligned}$$

即 $f^*(x^*) < \alpha$. 因此 $x^* \in B$. 补充说明为何不选择 $\overline{A} = \alpha\{x \mid f(x) \leqslant \alpha\}^\circ = \alpha C^\circ$. 因为此时

$$\overline{A} = \{x^* \mid \gamma(x^* \mid C^\circ) \leqslant \alpha\}.$$

对任意 $x^* \in A$, 存在 $\lambda > 0$, 使得

$$\alpha \geqslant \gamma(x^* \mid C^\circ) = \lambda f^*(\lambda^{-1}x^*) + \lambda\alpha.$$

讨论: 若 x^* 满足 $f(\lambda^{-1}x^*) = 0$, 此时, 显然有 $x^* \in B$. 因此只需讨论 x^* 不满足 $f^*(\lambda^{-1}x^*) = 0$ 的情况. □

7.6 练 习 题

练习 7.1 给定 $a > 0, c > 0, e = (1, \cdots, 1)^{\mathrm{T}} \in \mathrm{I\!R}^n$, 集合为

$$P = \{x \in \mathrm{I\!R}^n \mid \|x - ae\|_\infty \leqslant b\},$$

计算 $\delta_P^*(\cdot)^{[12]}$.

参 考 文 献

[1] Ding C D, Sun D F, Sun J, Toh K C. Spectral operators of matrices: semismoothness and characterizations of the generalized Jacobian. SIAM Journal on Optimization, 2020, 30: 630–659.

[2] Ding C, Sun D F, Sun J, Toh K C. Spectral operators of matrices. Mathematical Programming, 2018, 168: 509–531.

[3] Friedman J, Hastie T, Tibshirani R. The Elements of Statistical Learning. New York: Springer, 2001.

[4] Li X D, Sun D F, Toh K C. A highly efficient semismooth Newton augmented Lagrangian method for solving Lasso problems. SIAM Journal on Optimization, 2018, 28: 433–458.

[5] 李学文, 闫桂峰, 李庆娜. 最优化方法. 北京：北京理工大学出版社, 2018.

[6] 李庆娜, 李萌萌, 于盼盼. 凸分析讲义. 北京：科学出版社, 2019.

[7] Qi H D. A semismooth Newton method for the nearest Euclidean distance matrix problem. SIAM J. Marix Anal. Appl., 2013, 34(1): 67–93.

[8] Qi H D. Conditional quadratic semidefinite programming: examples and methods. Journal of Operations Research Society of China, 2014, 2: 143–170.

[9] Qi H D, Sun D F. A quadratically convergent newton method for computing the nearest correlation matrix. SIAM Journal on Matrix Analysis & Applications, 2006, 28(2): 360–385.

[10] Rockafellar R T. Convex Analysis. Princeton: Princeton University Press, 1970.

[11] 王宜举, 修乃华. 非线性最优化理论与方法. 北京：科学出版社, 2012.

[12] Yan Y Q, Li Q N. An efficient augmented Lagrangian method for support vector machine. Optimization Methods and Software, 2020, 35: 855–883.

[13] 袁亚湘. 非线性优化计算方法. 北京：科学出版社, 2008.

[14] Zhai F Z, Li Q N. A Euclidean distance matrix model for protein molecular conformation. Journal of Global Optimization, 2019, 76(4): 709-728.